Jenaer Historische Arbeiten

Herausgegeben von

ALEXANDER CARTELLIERI UND WALTHER JUDEICH

Heft 9:

Staatstheorien Papst Innocenz' III.

Von

DR. ERICH W. MEYER.

A. Marcus und E. Webers Verlag in Bonn
1919

Staatstheorien Papst Innocenz' III.

Von

DR. ERICH W. MEYER

A. Marcus und E. Webers Verlag in Bonn
1919

Inhaltsverzeichnis.

Literaturverzeichnis.

Quellen.

Fr. Böhmer, Acta imperii selecta. Innsbruck 1870. Abk.: Böhmer, Act. sel.

Corpus iuris canonici. Ed. E. Friedberg. 2 Bde. Leipzig 1879–1881. Abk.: Corp. iur. can.

L. Delisle, Lettres inédites d'Innocent III. Bibl. de l'Éc. des Chartes XXXIV (1873), 397–419.

Gesta Innocentii III. papae. Migne, Patrologia latina. Bd. 214 S. XXII bis CCXXVIII. Abk.: Gesta.

K. Hampe, Aus verlorenen Registerbänden der Päpste Innocenz III. und Innocenz IV. Mitt. Inst. österr. Gesch. XXIII (1902), 545–567.

Innocentii III. papae Epistolae. Migne, Patrologia latina. Bd. 214 bis 217. Abk.: Ep.

Innocentii papae Sermones de diversis. Migne, Patrologia latina. Bd. 217, S. 649–688. Abk.: Serm. de divers.

Innocentii papae Sermones de sanctis. Migne, Patrologia latina. Bd. 217, S. 451–596. Abk.: Serm. de sanct.

Prima collectio decretalium Innocentii III. Migne, Patrologia latina. Bd. 216, S. 1174–1272. Abk.: Prima collect.

Regestum domini Innocentii III. pape super negotio Romani imperii. Migne, Patrologia latina. Bd. 216, S. 995–1174. Abk.: Reg.

Darstellungen.

H. F. O. Abel, König Philipp der Hohenstaufe. Berlin 1852.

— Otto IV. und König Friedrich II. (1208–1212). Berlin 1856.

H. Bloch, Die staufischen Kaiserwahlen und die Entstehung des Kurfürstentums. Leipzig und Berlin 1911.

Gerhard Bonwetsch, Neue Beiträge zur Geschichte des Kurfürstenkollegiums und der deutschen Königswahl. Lit. Rundschau 40 (1914).

J. M. Brischar, Papst Innocenz III. und seine Zeit. Freiburg 1883.

M. Buchner, Die Entstehung der Erzämter und ihre Beziehung zum Werden des Kurkollegs. Görresgesellschaft zur Pflege der Wissenschaft im katholischen Deutschland, Sektion für Rechts- und Sozialwissenschaft. Heft 10. Paderborn 1911.

M. Büdinger, Skizzen zur Geschichte päpstlicher Machtentfaltung. Hist. Zeitschr. XII (1864), 347–378.

Konrad Burdach, Vom Mittelalter zur Reformation. Bd. 2[1]. Berlin 1913.

A. Cartellieri, Philipp II. August, König von Frankreich. Bd. III. Leipzig und Paris 1910.

L. Delisle, Les registres d'Innocent III. Bibl. de l'Éc. des Chartes XXXXVI (1885), 84ff.

Deutsch, Papst Innocenz III. und sein Einfluß auf die deutsche Kirche. Breslau 1876.

V. Domeier, Die Päpste als Richter über die deutschen Könige von der Mitte des 11. bis zum Ausgang des 13. Jahrhunderts. Unters. z. deutschen Staats- und Rechtsgeschichte, herausg. von O. Gierke. Heft 53 (1897).

P. Dönitz, Über Ursprung und Bedeutung des Anspruches der Päpste auf Approbation der deutschen Königswahlen. Diss. Halle 1891.

A. Ehrhard, Das Mittelalter und seine kirchliche Entwicklung. Kultur und Katholizismus Bd. VIII, 1908.

H. v. Eicken, Geschichte und System der mittelalterlichen Weltanschauung. Stuttgart 1887.

E. Engelmann, Der Anspruch der Päpste auf Konfirmation und Approbation bei den deutschen Königswahlen (1077–1379). Breslau 1886.

— Philipp von Schwaben und Papst Innocenz III. während des deutschen Thronstreites 1198–1208. Progr. Breslau 1896.

J. Ficker, Forschungen zur Reichs- und Rechtsgeschichte Italiens. Bd. II. Innsbruck 1869.

G. Ficker u. H. Hermelink, Das Mittelalter. Handbuch der Kirchengeschichte, herausg. von G. Krüger. Bd. II. Tübingen 1912.

E. Friedberg, Die mittelalterlichen Lehren über das Verhältnis von Staat und Kirche. Festschr. Teil I. Leipzig 1874.

O. Gierke, Das deutsche Genossenschaftsrecht. Bd. III. Berlin 1881.

Ferd. Gregorovius, Geschichte der Stadt Rom im Mittelalter. 5. Aufl. Bd. V. Stuttgart 1908.

l'abbé Gosselin, Pouvoir du pape au moyen âge ... sec. édit. considérablement augmentée. 2 Bde. Louvain 1845.

L. Gumplowicz, Geschichte der Staatstheorien. Innsbruck 1905.

L. Hahn, Das Kaisertum. Berlin 1913.

Karl Hampe, Deutsche Kaisergeschichte in der Zeit der Salier und Staufer. 2. umgearb. Aufl. Leipzig 1912.

A. Hauck, Kirchengeschichte Deutschlands. 1. u. 2. Doppelaufl. Bd. IV. Leipzig 1903.

A. Hauck, Der Gedanke der päpstlichen Weltherrschaft bis Bonifazius VIII. Leipzig 1904.

— Deutschland und die päpstliche Weltherrschaft. Leipzig 1910.

B. Hübler, Kirchenrechtsquellen, Urkundenbuch zu Vorlesungen über Kirchenrecht. 3. verstärkte Aufl. Berlin 1898.

C. B. Hundeshagen, Über einige Hauptmomente in der geschichtlichen Entwicklung des Verhältnisses zwischen Staat und Kirche. Zeitschr. f. Kirchenrecht, herausg. von R. Dove. Bd. I (1861).

K. G. Hugelmann, Die deutsche Königswahl im Corpus iuris canonici. Unters. z. deutschen Staats- und Rechtsgeschichte, herausg. von O. Gierke. Heft 98 (1909).

Fr. Hurter, Geschichte Innocenz III. und seiner Zeitgenossen. 3. Aufl. Bd. I. Hamburg 1841.

G. Husak, Besprechung von Bloch, Die staufischen Kaiserwahlen und die Entstehung des Kurfürstenkollegs in den Göttingischen gelehrten Anzeigen 175 (1913).

J. Jastrow u. G. Winter, Deutsche Geschichte im Zeitalter der Hohenstaufen. Bd. II. Stuttgart 1901.

H. Kalbfuß, Besprechung von Bloch, Die staufischen Kaiserwahlen ... Deutsche Literaturzeitung 1913, Nr. 16.

— Die staufischen Kaiserwahlen und ihre Vorgeschichte. Mitt. Inst. österr. Gesch. XXXIV (1913), 502—521.

H. Krabbo, Ottos IV. erste Versprechungen an Innocenz III. Neues Archiv XXVII (1901).

M. Krammer, Rechtsgeschichte des Kurfürstenkollegs bis zum Ausgang Karls IV. Kap. I. Der Einfluß des Papsttums auf die deutsche Königswahl. Diss. Berlin 1903.

— Wahl und Einsetzung des deutschen Königs im Verhältnis zueinander. Weimar 1905. Quellen und Studien, herausg. von Zeumer. Bd. I—IV.

— Das Kurfürstenkolleg von seinen Anfängen bis zum Zusammenschluß im Renser Kurverein des Jahres 1338. Weimar 1913.

J. Langen, Geschichte der römischen Kirche. Bd. IV. Bonn 1893.

Th. Lindner, Die deutschen Königswahlen und die Entstehung des Kurfürstenkollegs. Leipzig 1893.

O. Lorenz, Drei Bücher Geschichte und Politik. Bibliothek für Wissenschaft und Literatur. Bd. XLI. Histor. Abt. Bd. I. Berlin 1876.

— Deutsche Geschichte im 13. u. 14. Jahrhundert. 2 Bde. Wien 1863 bis 1867.

J. Loserth, Geschichte des späteren Mittelalters von 1197—1492. München u. Berlin 1903.

A. Luchaire, Innocent III. 6 Bde. Paris 1904—1908. Die Titel der Einzelschriften sind:

1. Rome et l'Italie 1905.
2. La croisade des Albigeois 1905.
3. La papauté et l'Empire 1906.
4. La question romaine d'Orient 1907.
5. Les royautés vasalles du Saint-Siège 1908.
6. Le concile de Lateran et la réforme de l'église 1908.

J. Mayr, Markward von Anweiler, Reichstruchseß und Kaiserlicher Lehnsherr in Italien. Innsbruck 1876.

Molitor, Die Decretale Per venerabilem. München 1876.

W. M. Peitz, Das Originalregister Gregors VII. im Vatikanischen Archiv (Reg. Vat. 2) nebst Beiträgen zur Kenntnis der Originalregister Innocenz' III. und Honorius' III. (Reg. Vat. 4—11). Sitz.-Ber. der Kaiserl. Akad. d. Wiss. in Wien, Phil.-hist. Kl. Bd. 165. 5. Abt. 1911.

P. Prinz, Markward von Anweiler, Truchseß des Reiches .... Emden 1875.

L. v. Ranke, Weltgeschichte. 5. Aufl. 9 Bde. Leipzig 1896—1898.

F. Rudolf, Papst Innocenz' III. Schrift über das Elend des menschlichen Lebens. Arnsberg 1896.

Sägmüller, Die Idee von der Kirche als imperium Romanum im kanonischen Recht. Theolog. Quartalsschrift, herausg. von Funk u. a. Bd. LXXX (1898).

R. Schwemer, Papsttum und Kaisertum. Stuttgart 1899.

Fr. W. Schirrmacher, Kaiser Friedrich II. 4 Bde. Göttingen 1859 bis 1865.

G. Seeliger, Neue Forschungen über die Entstehung des Kurfürstenkollegs. Mitt. Inst. österr. Gesch. XVI (1895).

B. v. Simson, Analekten zur Geschichte der deutschen Königswahlen. Progr. Freiburg 1895.

E. Tuček, Untersuchungen über das Registrum super negotio romani imperii. Innsbruck 1910.

A. Werminghoff, Geschichte der Kirchenverfassung Deutschlands im Mittelalter. Bd. I. Hannover u. Leipzig 1905.

Ed. Winkelmann, Philipp von Schwaben und Otto IV. 2 Bde. Leipzig 1873, 1878. (Jahrb. der deutschen Gesch.)

— Kaiser Friedrich II. Bd. I u. II (bis 1233). Leipzig 1889, 1897. (Jahrb. der deutschen Gesch.)

A. v. Wretschko, Einfluß fremder Rechte auf die deutschen Königswahlen. Zeitschr. d. Savignystiftung. Germ. Abt. XX (1899).

B. Wunderlich, Die neueren Ansichten über die deutsche Königswahl und der Ursprung des Kurfürstenkollegs. Hist. Studien, herausg. von Ebering. Heft 114. Berlin 1913.

Vorwort.

Die vorliegende Arbeit ist schon während des Krieges geschrieben worden, kann aber infolge des Papiermangels erst jetzt zum Abdruck gelangen. Ihr lag ursprünglich die Idee zugrunde, die Staatstheorien Papst Innocenz III. und ihre Umsetzung in die praktische Politik darzulegen. Die Fülle des Quellenmaterials und der Darstellungen jedoch zwangen mich aus räumlichen wie aus zeitlichen Gründen insofern das Thema einzuschränken, als ich nur die Staatstheorien behandelte, die Politik jedoch ausschaltete. Überdies läßt es sich aus mehr als einem Grunde rechtfertigen, wenn ich zunächst nur an der Hand dor Quellen unter bewußter Zurückstellung der einschlägigen Bearbeitungen die Staatstheorien des Innocenz in der Form eines politischen Systems zusammenfasse: denn einmal zielt die politische Tätigkeit dieses Papstes im wesentlichen auf die Durchführung seiner staatstheoretischen Grundsätze ab und kann somit erst als ihre Folge erfaßt werden, und andererseits gibt an sich schon der Ewigkeitswert der Theorie sowie der Umstand, daß die innocentischen Staatstheorien den Höhepunkt der theoretischen Grundlage der katholischen Hierarchie bedeuten und in ihrer Auswirkung noch jetzt fühlbar sind, vorliegender Arbeit auch in ihrer Einschränkung ihre Berechtigung.

Alsdann möchte ich an dieser Stelle einige allgemeine Richtlinien geben, die meine für den ersten Augenblick vielleicht etwas befremdende enge Begrenzung des Arbeitsfeldes erklären sollen.

Nach Möglichkeit habe ich die politischen Ereignisse in der Darstellung ausgeschaltet und die Kenntnis der Zeit vorausgesetzt. Nur so konnte ich die Schwierigkeiten überwinden, die sich mir bei der Darlegung der abstrakten, unabhängigen Lehren entgegenstellten. Auch hielt ich es für diesen Zweck für untunlich, Rückblicke auf frühere Zeiten und Ausblicke auf die Weiterentwicklung zu geben, weil sie die Übersicht über das Ganze erschweren und die Grundlinien der Theorien verwischen würden.

Endlich ist ein kurzer Abriß des Standes der Forschung über Papst Innocenz III. als Ersatz für eine reichere Literaturkennzeichnung an den Anfang gestellt worden.

Bei wörtlicher Wiedergabe von Briefstellen des Innocenz habe ich Anführungsstriche verwendet; alle nicht so hervorgehobenen Briefzitate sind wegen der oft begegnenden phrasenhaften Breite gekürzt.

Endlich erfülle ich eine angenehme Pflicht, indem ich auch an dieser Stelle Herrn Geh. Hofrat Professor Dr. A. Cartellieri danke für die reiche Förderung, die er meinen Arbeiten zuteil werden ließ.

Naumburg/Saale im Oktober 1919.

Dr. Erich W. Meyer.

I. Der Stand der Forschung über Papst Innocenz III.

Als Hauptquelle über Papst Innocenz III. kommen in erster Linie seine Briefe[1]) in Frage. Sie sind nach älteren Vorlagen zuletzt in Bd. 214—217 der Patrologia latina von Migne im Jahre 1890 leider nicht sehr zuverlässig, aber in ziemlich großer Vollständigkeit abgedruckt. In dieser Ausgabe finden sich auch die von einem Anonymus verfaßten Gesta Innocentii, das Regestum super negotio imperii[2]) und die Prima collectio decretalium, denen in Bd. 217 außer Nachträgen eine Fülle von Reden und Abhandlungen meist theologischen Inhalts angereiht sind. Das Regestum super negotio imperii ist leider unvollständig — es reicht nur bis zum Jahre 1209 —, bietet aber nichtsdestoweniger wertvollen Aufschluß über des Innocenz Stellung zum Kaisertum.

---

[1]) Über die überlieferten Registerbände Papst Innocenz' III., denen der weitaus größte Teil der verwendeten Briefe entstammt, orientiert L. Delisle, Les registres d'Innocent III. B É Ch. 46 (1885). — Vgl. auch W. M. Peitz, Das Originalregister Gregors VII. im vatikanischen Archiv (Reg. Vat. 2) nebst Beiträgen zur Kenntnis der Originalregister Innocenz' III. und Honorius' III. (Reg. Vat. 4—11). Sitz.-Ber. der Kaiserl. Akad. d. Wiss. in Wien, Phil.-hist. Kl., Bd. 165, 5. Abt. S. 159 ff. — Dagegen finden sich in den von A. Brackmann herausgegebenen Papsturkunden des Nordens, Nord- und Mitteldeutschlands, Nachrichten der K. Ges. d. Wiss. zu Göttingen, Phil.-hist. Kl., Heft 1 (1904) nur Aktenstücke bis 1198 (Coelestin III.) verzeichnet.

[2]) Aus Delisle a. a. O. 88, Nr. III geht hervor, daß im ursprünglichen Titel Regestum und nicht, wie meist abgedruckt ist, Registrum steht. — Vgl. Tuček, Untersuchungen über das Registrum super negotio romani imperii. — Für Adressen und Datierungen des Regestums sup. neg. imp. vgl. auch den Aufsatz von Peitz a. a. O. Beil. III, 331 ff.

Sehr viel weniger reich sind wir an Bearbeitungen über Innocenz und seine Zeit. Es gibt nur eine umfassende Darstellung: von Fr. Hurter[1]). Aber dieses vierbändige, mit unendlichem Fleiß geschaffene Werk Hurters hat abgesehen davon, daß es völlig veraltet ist, den großen Nachteil, vom rein katholischen Standpunkt geschrieben zu sein — der Verfasser trat während der Jahrzehnte umfassenden Bearbeitung zur katholischen Kirche über — und atmet gläubige Bewunderung[2]) all dessen, was Innocenz dachte und tat. Jedoch für Einzelheiten ist die Arbeit noch immer brauchbar.

Einen gewissen Ersatz für ein fehlendes Gesamtwerk über Innocenz III. will A. Luchaire[3]) in sechs Einzelabhandlungen geben. Dieselben sind sehr gewandt, kunstvoll und umfassend geschrieben und bieten viel gutes Material; aber durch einen gewissen populären Einschlag sowie dadurch, daß in der Gesamtausgabe die wertvollen Anmerkungen und Quellennachweise der wohl als Vorarbeiten gedachten früheren Einzelpublikationen unterblieben sind, leidet der Wert des Werkes.

An dritter Stelle ist dann die Schrift von Pirie-Gordon[4]) zu nennen. Sie gibt nicht, was der Titel verspricht, und erscheint lediglich als eine oberflächliche, populäre Bearbeitung.

Ebenfalls in neuester Zeit hat A. Hauck in seiner Kirchengeschichte[5]) sowohl als in zwei Einzelaufsätzen[6]) sehr wertvolle Beiträge zur Würdigung Innocenz III. gegeben. Jedoch erscheinen uns seine scharfen Urteile über Innocenz[7]) und insbesondere über seine politische Moral[8]) zu hart.

---

[1]) Fr. Hurter, Geschichte Papst Innocenz' III. und seiner Zeitgenossen.

[2]) Vgl. Ranke, Weltgesch. VIII, 334.

[3]) A. Luchaire, Innocent III.

[4]) Pirie-Gordon, Innocent the Great.

[5]) A. Hauck, Kirchengeschichte Deutschlands.

[6]) A. Hauck, Der Gedanke der päpstl. Weltherrsch. u. ders. Deutschl. u. die päpstl. Weltherrsch.

[7]) z. B. Derselbe, Kirchengesch. IV, 744.

[8]) Ders., Kirchengesch. IV, 688—691, 697, 711..

Für die Beurteilung des Verhältnisses zwischen Innocenz und dem Reich müssen noch immer die Arbeiten von Abel[1]), Winkelmann[2]) und Schirrmacher[3]) als die besten gelten. Aus neuerer Zeit sind die psychologisch feinen Ausführungen Hampes in seiner Deutschen Kaisergeschichte[4]) besonders hervorzuheben. Die Schriften von Brischar[5]) und Deutsch[6]) dagegen, deren erstere ein Gesamtbild von Innocenz, die zweite seine Stellung zur Kirche gibt, erscheinen quellenmäßig wenig begründet und deshalb ungeeignet für weitere Forschung. Für die italienischen Verhältnisse der betreffenden Periode erwähnen wir in erster Linie die Darstellung bei Gregorovius[7]) Bd. 5, und für Spezialfragen die Arbeiten von Prinz[8]) und Mayr[9]).

II. Innocenz III. vor seinem Pontifikat.

Lothar von Segni[10]), der sich als Papst Innocenz III. nannte, wurde im Jahre 1161 oder 1162 als dritter Sohn des

[1]) O. Abel, König Philipp d. Hohenstaufe und ders., Otto IV. und König Friedrich II.

[2]) Ed. Winkelmann, Phil. von Schwaben u. Otto IV und ders., Kaiser Friedrich II.

[3]) Fr. W. Schirrmacher, Kaiser Friedrich II.

[4]) K. Hampe, Deutsche Kaisergeschichte in der Zeit der Salier und Staufer, S. 197ff.

[5]) J. M. Brischar, Papst Innocenz III. und seine Zeit.

[6]) Deutsch, Papst Innocenz III. und sein Einfluß auf die deutsche Kirche.

[7]) Ferd. Gregorovius, Gesch. der Stadt Rom im Mittelalter, Bd. 5.

[8]) P. Prinz, Markward von Anweiler.

[9]) Joh. Mayr, Markward von Anweiler.

[10]) Quellenangaben über Innocenz und sein Geschlecht finden sich bei Hurter I, 1 und ebenda Anm. 1; vgl. auch Gregorovius a. a. O. S. 9, Gesta I u. Loserth, Gesch. des späteren Mittelalters, S. 8. — Ferner sei auch auf einen kulturgeschichtlich sehr interessanten, zeitgenössischen Brief über den Sommeraufenthalt der römischen Kurie unter Innocenz III. in Subiaco 1202 hingewiesen, der von Hampe, Hist. Vierteljahrschr. VIII

Grafen Trasimund von Segni[1]) und der Römerin Claricia aus dem Hause der Scotta geboren. Seine Ahnen waren in Latium eingewanderte Germanen, die, nunmehr ein alteingesessenes Herrschergeschlecht, in Anagni und Ferentino reiche Güter erworben hatten und später den Geschlechtsnamen De Comitibus (Conti) annahmen.

Der junge Lothar[2]) empfing seinen ersten Unterricht in Rom und wurde sehr früh in den Klerus aufgenommen[3]). Dann ging er nach Paris[4]), der damaligen Hochburg theologischer Gelehrsamkeit, und erwarb sich unter Peter von Poitiers, Melior von Pisa und besonders unter Peter von Corbeil bedeutende theologische Kenntnisse. Zu seiner juristischen Ausbildung begab er sich dann nach Bologna[5]), das wegen seiner Rechtsschulen einen bedeutenden Ruf hatte kehrte im Anfang der 80er Jahre nach Rom zurück und empfing die kirchlichen Weihen. Hier begann jetzt am päpstlichen Hofe für den jungen Lothar eine reiche Tätigkeit. Dank der Fürsprache seiner im Kardinalkollegium sitzenden Oheime[6]) fand er Gelegenheit, sich unter Papst Lucius III. in den verschiedensten Zweigen kurialer Tätigkeit auszubilden und rückte frühzeitig in hohe Kirchenämter auf. Unter der 57 tägigen Regierung Papst Gregors VIII. wurde Lothar zum Subdiakon und unter dem Pontifikat seines Oheims, Papst Clemens' III., zum Kardinaldiakon von SS. Sergius und Bacchus[7]) ernannt (1187). Nur vorübergehend ward seine glänzende Laufbahn gehemmt, als am 25. März 1191 Kardinal Hyacint Bobo aus dem den Scotta feindlichen Geschlechte der Orsini Inhaber

---

(1905), 509ff. mitgeteilt ist. — Vgl. auch die prächtige biographische Würdigung bei Hampe, Deutsche Kaisergeschichte, S. 197ff.

[1]) Ein Stammbaum der Familie findet sich bei Pirie-Gordon, Innocent the Great, zwischen S. 10 u. 11.

[2]) Vgl. Hurter I, 1—80.

[3]) Vgl. ders. I, 11.

[4]) Vgl. ders. I, 19.

[5]) Über seine Lehrer hier vgl. ders. I, 30f.

[6]) Vgl. ders. I, 8.

[7]) Vgl. Gesta III.

des apostolischen Stuhles wurde unter dem Namen Cölestin III. Und als Lothar für die nächsten Jahre der direkten jurisdiktionellen und organisatorischen Tätigkeit enthoben war, schuf er sich ein eigenes Arbeitsfeld: er schrieb sein allerdings nicht sehr schöpferisches Buch „de contemptu mundi sive de miseria humanae conditionis“ [1]).

Ein völliger Umschwung trat aber dann wieder ein, als am 8. Januar 1198 Cölestin III. starb und Lothar trotz seiner großen Jugend — er war erst 37 Jahre alt [2]) — als Innocenz III. einstimmig zum Papst gewählt wurde. Und die wählenden Kardinäle sollten sich in Lothar nicht getäuscht haben. Seine gründlichen theologischen und juristischen Kenntnisse sowohl als sein fester Wille und seine große Arbeitskraft sollten im Verein mit persönlichem Glück und dem Mangel an ebenbürtigen Gegnern die Herrschaft der Kurie so verbreiten und festigen, daß Innocenz für die Dauer seines Pontifikates als Suzerän vieler abendländischer Staaten auftreten und den wenigen ihm noch nicht verpflichteten gegenüber mit wechselndem Erfolg seine Herrschaft geltend machen konnte.

III. Des Innocenz Anspruch auf die Weltherrschaft.

Im Brennpunkt aller Staatstheorien Papst Innocenz' III. steht die Idee der päpstlichen Weltherrschaft [3]), die

---

[1]) Vgl. Rudolf, Papst Innocenz' III. Schrift über das Elend des menschlichen Lebens. — Ranke, Weltgesch. VIII, 274, sagt inbezug auf diese Schrift: Innocenz verachtete die Welt nur soweit, als sich mit der Absicht und der Fähigkeit vertrug, sie zu beherrschen. — Hauck, Kirchengesch. IV, 684, spricht ihr jegliche Originalität ab. — Eine entgegengesetzte Ansicht ist in Ehrhard, Das Mittelalter u. seine Entwicklung, vertreten; vgl. dort S. 107.

[2]) Gesta V.

[3]) Weltherrschaft im ganzen weiten Sinne des Wortes will Innocenz, wie sie aus der Verschmelzung von Kaisertum und Papsttum hervor-

sich, ihrer mannigfachen Verhüllungen und Abschwächungen entkleidet, etwa folgendermaßen zusammenfassen läßt: Der Papst ist kraft seiner göttlichen Mission zum Herrscher eines alle christlichen Länder der Erde umfassenden[1]) Reiches bestimmt. In diesem Universalreiche, dessen Zentralleitung von Rom[2]) aus zu geschehen hat, soll allein der katholische Glaube Gültigkeit haben; in ihm sollen sich alle christlichen Völker zusammenschließen[3]), deren Könige dem Eigenvolk

---

gehen muß, nicht nur Überordnung der Kirche über den Staat. — Vgl. dazu von Eicken, Gesch. und System der mittelalterlichen Weltanschauung, S. 392f. und besonders Hahn, Das Kaisertum, S. 107, wo treffend gesagt wird: „Seinen Höhepunkt erreicht dieser theokratische Caesarismus mit Innocenz III., er übt das Richteramt auf Erden auch in weltlichen Dingen tatsächlich, nicht nur in der Theorie aus. Die Regelung der Verhältnisse der Völker und ihrer Herrscher nimmt er als Vertreter der ersten Macht der Welt in seine Hand." Vgl. dazu auch ebenda S. 108. — Zuletzt ist diesem Gedanken unter Hinweis auf die „nationalen italienischen Bestrebungen" des Innocenz Ausdruck gegeben bei Konrad Burdach, Vom Mittelalter zur Reformation, S. 208. — Eine Motivierung dieser das Mittelalter beherrschenden Idee ist von Sägmüller, Die Idee von der Kirche, Theolog. Quartalschrift., Bd. 80 (1898), versucht worden. — Das ebengenannte Buch von Burdach ist mir erst nach der ersten Drucklegung meiner Arbeit als Teildruck bekannt geworden. Es stimmt erfreulicherweise meist mit den unabhängig gewonnenen Urteilen meiner Arbeit überein.

[1]) Ep. II, 209 S. 759. Petro non solum universam Ecclesiam sed totum reliquit saeculum gubernandum. — Ep. XV, 189 S. 712. (Deus apostolicam sedem) super omnem terram principatum voluit obtinere. — Ep. I, 410 S. 387. Super gentes et regna divina providentia constituti, ... Ep. IX, 130 S. 947. Ad hoc Deus apostolicae sedis antistitem, qui plenitudinem habet ecclesiasticae potestatis, super gentes et regna constituit, ...

[2]) Ep. I, 401 S. 377. (Italia) quae dispositione divina super universas provincias obtinuit principatum.

[3]) Böhmer, Act. sel. Nr. 906 S. 617. (Petro) subiciens ei gentes et regna, ac reges et populos tutele ipsius et cure committens. — Denn wenn dem Petrus all diese Gewalt zusteht, muß sie folgerichtig auch allen Päpsten zukommen, da sie ja von ihm die volle plenitudo potestatis besitzen, wie a. a. O. ausgeführt ist.

gegenüber souverän, in ihren Streitigkeiten untereinander aber der Autorität des Papstes unterstellt sein sollen[1]).

Um diese Theorie gruppieren sich fast alle staatstheoretischen Grundsätze des Innocenz, in ihr finden sie ihren letzten, wenn auch nicht immer ausgesprochenen Ursprung. Wie ein roter Faden durchzieht jenes Grundprinzip das ganze politische System[2]) dieses in der praktischen Durchführung des papalen Machtgedankens vielleicht größten[3]) Papstes und bedingt fast alle seine Eingriffe in die persönlichen Streitigkeiten der Könige, in die politische Selbständigkeit der Völker und in das religiöse Leben der Menschheit. Das beharrliche Fortschreiten auf dem dornigen Wege zur Weltherrschaft, das starre Festhalten an dem einmal erfaßten Ziele während seines 18jährigen Pontifikates lassen uns Innocenz als eine willensstarke, gewaltige Persönlichkeit erscheinen, die notwendigerweise durch die Weltherrschaftstendenz den ursprünglichen Richtlinien und Obliegenheiten ihres erhabenen Amtes entfremdet ward. Und deshalb ist bei einer Betrachtung des Innocenz als Staatsmann festzuhalten, daß der Staatstheoretiker und Politiker Innocenz vollständig von dem Papst Innocenz in der Beurteilung zu trennen ist und daß er nur aus seiner Zeit heraus gerecht beurteilt werden kann[4]).

---

[1]) Ep. I, 171 S. 148. non solum cum principibus, sed de principibus etiam iudicemus; — Ep. II, 39 S. 582. cum in simili casu reges et principes, ... ecclesiastica districtione duxerimus compellendos. — u. Ep. II, 197 S. 746. (nos), imo supra principes sedere voluit et de principibus iudicare, ...

[2]) Gebührend gewürdigt wird dieses System von Hundshagen, Verhältnis zwischen Staat und Kirche, S. 258.

[3]) Vgl. Büdinger, Skizzen zur Gesch. päpstlicher Machtentfaltung, H. Z. 12 (1864), 370f. — ebenso Ehrhard, a. a. O. S. 109, wo Innocenz geradezu als der „Augustus des mittelalterlichen Papsttums" bezeichnet wird. — Dazu s. Hübler, Kirchenrechtsquellen, S. 6 und Bloch, Die staufischen Kaiserwahlen, S. 27.

[4]) Aus diesem Grunde erscheint mir das Urteil Haucks, Kirchengesch. IV (vgl. S. 2 Anm. 8), über die politische Moral Innocenz' III. etwas

Den Urgrund für die exempte Weltherrnstellung des Papstes sieht Innocenz darin, daß der Bischof von Rom Nachfolger Petri[1]) ist, zu dem der Herr gesagt hat[2]): Du bist Petrus, und auf diesen Felsen will ich meine Gemeinde bauen, und die Pforten der Hölle sollen sie nicht bewältigen[3]). Und ich will dir des Himmelreichs Schlüssel geben; alles was du auf Erden binden wirst, soll auch im Himmel gebunden sein, und alles, was du auf Erden lösen wirst, soll auch im Himmel los sein. Ja, Innocenz stellt sich Petrus vollständig gleich. Das geht einmal aus den Worten *sub beati Petri et nostra protectione*[4]) und andererseits aus seinem Briefe an den Erzbischof von Mainz[5]) hervor, in dem er sich und die zu Anfang seines Pontifikats so unsichere Stellung der Kurie mit Petri Fahrt im Meeressturm vergleicht[6]). Hier sagt er direkt: Jetzt da die Wellen gefallen und ein günstiger Wind und die See ruhig dahinwogen und Petrus über die Meereswellen dahinschreitet, der früheren Furcht entrissen. . . . . Und an das Bild vom Meere anknüpfend, führt er dann aus: Viele Wasser sind vielen Völkern vergleichbar, und der Zusammenschluß derselben vergleicht sich dem Meere; aus dem Um-

---

zu hart. Der Politiker Innocenz kann m. E. nicht an dem Maßstab der Moral gemessen werden.

¹) Ep. I, 335 S. 306. quod soli beato Petro vicario suo et per ipsum successoribus suis et nobis ipsis qui locum eius, ... tenemus in terris, ... — vgl. Ep. I, 75 S. 65; Ep. II, 197 S. 746; Ep. II, 209 S. 762; Ep. II, 211 S. 769; Ep. VI, 143 S. 156 u. ö.

²) Matth. XVI, 18, 19. — Ep. I, 316 S. 275. Licet Dominus noster Jesus Christus ... discipulis suis eamdem super credentes ligandi ac solvendi dederit potestatem, unum tamen in ea, beatum scilicet Petrum apostolum, voluit praeminere, dicens: Tu es Petrus, etc. — Vgl. Ep. II, 209 S. 759 u. Serm. de divers. II in consecrat. pontif. max. S. 654 u. ebenda S. 657.

³) Serm. de divers. II in consecrat. pontif. max. S. 657.

⁴) Ep. XI, 209 S. 1525.

⁵) Reg. no. 1 S. 995ff.

⁶) Reg. no. 1 S. 995. iam nunc, cum cadentibus fluctibus et vento spirante propitio aequora noscitur sulcare pacata, et Petrus, veteri timore deposito, ...

stand aber, daß Petrus über den Wassern des Meeres einherschreiten kann, erhellt, daß ihm die Macht über alle Völker gegeben ist[1]). Wie ja auch der Herr mit den Worten: *confirma fratres tuos*[2]) das Recht der inneren Festigung nach der einen Seite hin, die Pflicht des Gehorsams nach der anderen Seite hin gebietet[3]).

Schon die persönliche Stellung des Papstes ist für Innocenz allumfassend: der Inhaber des apostolischen Stuhles ist ihm *inter Deum et hominem medius constitutus, citra Deum, sed ultra hominem:* er ist ein Wesen, das zwar geringer als Gott, aber mehr als der Mensch ist, das über jedermann richten, aber von niemand gerichtet werden kann[4]). „Ausgehend von dieser Vorstellung", sagt Eicken[5]) treffend, „war es seine Absicht, das weltherrschaftliche Imperium dem Kaisertum zu nehmen und mit dem römischen Stuhl zu verbinden". Der Papst ist nicht Mensch, sagt Innocenz ein anderes Mal, sondern ein Gott; denn nur als Stellvertreter Gottes kann er die Einsetzung und translatio der Bischöfe vollziehen[6]). Auch sonst finden sich oft bei ihm Parallelen zwischen sich und seiner Stellung einerseits und Gott andererseits; ganz bezeichnend ist vielleicht die, wo er in einem Briefe an den König von Frankreich[7]) unter Anspielung auf die Undankbarkeit Ottos von Braunschweig sagt: Es reut mich, Saul zum König über Israel

---

[1]) Ep. II, 209 S. 759. per quod universum orbem susceperat gubernandum; ...

[2]) Ep. II, 209 S. 760. Vgl. Luc. XXII, 32.

[3]) Ep. II, 209 S. 760.

[4]) Serm. de divers. II S. 658. inter Deum et hominem medius constitutus, citra Deum, sed ultra hominem: minor Deo, sed maior homine: qui de omnibus iudicat, et a nemine iudicatur: .... Vgl. K. Hampe, Deutsche Kaisergeschichte, S. 198.

[5]) Vgl. H. v. Eicken, Gesch. u. System der mittelalterlichen Weltanschauung, S. 275.

[6]) Ep. I, 326 S. 292. Unde quos Deus spirituali coniunctione ligavit, non homo, quia non vicarius hominis, sed Deus, quia Dei vicarius, separat, ...

[7]) Vom 1. Februar 1201.

gemacht zu haben[1]), und wenn er sich dann[2]) damit tröstet, daß ja Gott bei seiner Allwissenheit Saul selbst zum König machte, um ihn dann später — als unwürdig — wieder abzusetzen.

Da aber der Papst nicht nur Nachfolger Petri, sondern auch Stellvertreter Christi[3]) ist, so besitzt er einen fast allmächtigen Kompetenzbereich, den Innocenz in dem Begriffe der *plenitudo potestatis*[4]) zusammenfaßt. Dieser plenitudo potestatis gibt er göttlichen Ursprung[5]) und entwickelt sie am eindrucksvollsten in der berühmten *responsio Domini papae facta nuntiis Philippi in consistorio*[6]). Die verschiedenen Bibelworte auf sich beziehend, führt hier Innocenz mit phrasenhafter Breite aus: auch ist nicht von irgend jemand, sondern von Gott und nicht irgend jemand, sondern dem Propheten und nicht inbezug auf das Königsgeschlecht, sondern über die Priester, die in Anathot[7]) waren, gesagt worden: ich habe dich über alle Völker und Reiche gesetzt, damit du vernichtest, zerstörest und pflanzest[8]). Und an anderem

[1]) Böhmer, Act. sel. No. 920 S. 630. Poenitet me, quod constitui Saul regem super Israel.

[2]) Böhmer, Act. sel. No. 921 S. 631.

[3]) Ep. II, 39 S. 581. Quia vero nos, ... vicem eius tenemus in terris qui nascens ex Virgine ... vgl. Ep. I, 447 S. 423; Ep. I, 355 S. 329; Ep. X, 68 S. 1164 u. ö.

[4]) Ep. VIII, 153 S. 728. de plenitudine potestatis quam habemus, Domino disponente, ... oder ebenda: de potestate nobis a Domino in beato Petro concessa, ... Ep. VI, 68 S. 64; Ep. IX, 130 S. 947; Reg. no. 44 S. 1046 u. ö.

[5]) Ep. XV, 1 S. 539. Ad hoc sumus disponente Domino in plenitudinem potestatis assumpti ... Ep. VII, 42 S. 326. quia nostra potestas non est ex homine sed ex Deo ... Ep. II, 209 S. 759; Ep. VIII, 153 S. 728; Reg. no. 18 S. 1013; Reg. no. 33 S. 1039; Reg. no. 21 S. 1019. apud quam ex institutione divina plenitudo residet potestatis.

[6]) Reg. no. 18 S. 1012ff.

[7]) Anathot ist die ehemalige Priesterstadt des Stammes Benjamin n. ö. von Jerusalem.

[8]) Jer. I, 10 — vgl. auch Ep. VII, 1 S. 277; Ep. XVI, 5 S. 790 und Serm. de divers. II in consecrat. pontif. max. S. 657: Ecce constitui te super gentes et regna etc.

Orte[1]) sagt Innocenz direkt, daß dem Papst Petri Schwert anvertraut sei, um die Völker zu rügen und zu strafen.

Als Ausdruck des extremsten Weltherrschaftsstrebens erscheint es uns, wenn Innocenz sagt: wenn einst einige Frühere Provinzen besaßen, wenn Könige einzelne Reiche regierten, so überragt[2]) *Petrus sicut plenitudine sic latitudine* alle, weil er der Vikar[3]) dessen ist, dem die Welt gehört und der gesamte Machtbereich auf ihr. Denn es ist ihm ja nicht der Kampf gegen Fleisch und Blut, sondern gegen Fürsten und Staaten und gegen die Leiter der irdischen Welt hinieden übertragen[4]). Und ihm, Innocenz selbst, steht diese Macht zu, da ja Petrus allen seinen Nachfolgern die plenitudo potestatis hinterlassen hat, die er selbst allein besaß im Gegensatz zu den anderen Aposteln[5]). Denn es sind — so sagt Innocenz von ihnen — dem Vater Söhne geboren, welche der Herr zu Fürsten über die ganze Erde einsetzte. Wurde die Kirche mit dem Schiff des Petrus verglichen, so führte dieser auf des Herrn Befehl das Schiff auf die hohe See und brachte somit den Primat der Kirche an den Ort, wo bislang die weltliche Macht gipfelte und die

[1]) Ep. XV, 189 S. 711. nos, quibus Petri gladius est commissus, ut vindictam in nationibus et increpantes in populis faciamus, ...

[2]) Reg. no. 18 S. 1013. sed Petrus, sicut plenitudine, sic latitudine praeeminet universis, quia vicarius est illius cuius est terra et plenitudo eius, orbis terrarum et universi qui habitant in eo.

[3]) Reg. no. 107 S. 1109. is cuius vices in terris, ... gerimus et ministerium exercemus, ... vgl. Ep. I, 75 S. 65; Ep. I, 171 S. 150. sed Dei, cuius, licet immeriti, vices exercemus in terris ... Ep. I, 326 S. 292; 335 S. 306; 432 S. 411; Ep. II, 197 S. 746; 211 S. 769; Ep. V, 119 S. 1117; Ep. IX, 215 S. 1059; Ep. X, 219 S. 1329; Ep. XI, 223 S. 1537; vgl. auch Reg. no. 18 S. 1013; 82 S. 1088; 139 S. 1138; ebenso Prima collect. tit. III S. 1188.

[4]) Reg. 46 S. 1047. Nos autem, quibus secundum Apostolum non est colluctatio adversus carnem et sanguinem, sed adversus principes et potestates, adversus mundi rectores tenebrarum harum, ...

[5]) Ep. II, 209 S. 759. cum nulli eorum (Apostel) universus fuerit orbis commissus, ... u. S. 760. sed ipsi sine aliis attributam esse cognosces ligandi et solvendi a Domino facultatem; ...

kaiserliche Monarchie sich befand, der einzelne Völker nur für bestimmte Zeitläufte wie die Flüsse dem Meere tributär waren [1]). Und zwar ist der Papst so vollkommen der Vertreter Gottes auf Erden, daß derjenige, welcher ihn ehrt, auch Gott Ehrfurcht erweist, und wer den Papst verachtet, auch ein Gottesverächter ist [2]).

Als Motiv für diesen Herrschaftsanspruch des Innocenz muß außer der Tradition [3]) sein Streben nach Freiheit der Kirche gelten, war doch schon für Gregor VII., Nicolaus I. und Alexander III. die päpstliche Weltherrschaft, wenn auch nicht in so gewaltigem Umfang wie bei Innocenz ein Axiom. Sagt doch Innocenz in einem seiner Briefe direkt [4]): Nirgends wird besser für die Kirche gesorgt, als da, wo die römische Kirche sowohl im Weltlichen wie im Geistlichen volle Gewalt besitzt. Denn da der apostolische Stuhl die Mutter und Lehrerin aller Kirchen ist, hindert er um so energischer die seiner weltlichen Rechtsprechung unterstehenden Völker an unrechtmäßigen Eingriffen gegen Kirchen und Kleriker, je weitgreifenderes Entscheidungsrecht er hat, zumal beide Gewalten in einer Hand vereinigt sehr viel freier gehandhabt werden können [5]). Das zeigen die Verhältnisse im Patrimonium [6]). Und aus der Tatsache, daß Innocenz rein kirchliche Zwangsmittel wie Exkommunikation und Interdikt skrupellos auch auf rein weltliche Verhältnisse anwendet, erhellt wohl mit genügender Deutlichkeit, daß er die Existenzberechtigung der

---

[1]) Ep. II, 209 S. 761.

[2]) Ep. I, 88 S. 75. (Deus) in nobis honoratur, cum honoramur; et contemnitur, cum contemnimur; vgl. Luc. X, 16.

[3]) Als Stützpunkt hat Innocenz wohl vielfach die von dem Kamaldulensermönch Gratian um die Mitte des 12. Jahrhunderts veranstaltete Sammlung von Kanonen, das sogenannte Decretum Gratiani, gedient. Vgl. Gumplowicz, Gesch. d. Staatstheorien, S. 99f.

[4]) Ep. I, 27 S. 21. Vgl. auch Werminghoff, Gesch. der Kirchenverfassung, S. 144.

[5]) Ep. I, 356 S. 331. utraque adiuta per alteram liberius valeat exerceri.

[6]) Hampe, Aus verl. Registerb. M J Ö G. XXIII (1902), 564f.

weltlichen Fürsten für nicht gerade groß hielt und daß er den Gegensatz zwischen geistlicher und weltlicher Gewalt gern verwischt hätte, — natürlich durch ihre Vereinigung in der Hand des Papstes[1]).

IV. Die beiden Gewalten.

Haben wir bislang von den Ansprüchen des Innocenz auf Weltherrschaft gesprochen, so müssen wir uns nunmehr über seine Stellung zu der weltlichen Gewalt unterrichten und sie staatstheoretisch begründen.

Schon seit dem Pontifikat Gregors VII. galt die Theorie über die beiden Gewalten als Ausgangspunkt und Grundlage für die papalen Weltherrschaftsansprüche. Wenngleich dieses Prinzip in erster Linie das Verhältnis zwischen Papsttum und Kaisertum — die Überordnung des Kaisertums über die anderen Reiche spricht Innocenz selbst aus[2]) — festlegen will, so gibt sie uns doch ein klares Bild von der Stellung Innocenz' III. zu den weltlichen Reichen im allgemeinen, da die kurialen Superioritätsansprüche auf die anderen Reiche natürlich in erhöhtem Maße Anwendung zu finden haben.

In Anlehnung an das Wort der heiligen Schrift: Gebt dem Kaiser, was des Kaisers ist[3]), und Gott, was Gottes ist, scheidet Innocenz beide Gewalten scharf voneinander, ohne zunächst ein Übergewicht der einen über die andere auszudrücken[4]). Verschieden sind sie ihm ihrer Funktion nach, wiewohl sie insofern ein Ganzes bilden, als sie von Gott gemeinsam zum

---

[1]) Vgl. J. Ficker, Forsch. z. Reichs- u. Rechtsgesch. Italiens, II, 378.

[2]) Reg. no. 2 S. 998. Et licet Romanam Ecclesiam quasi matrem universa regna respiciant, ... Romanum tamen imperium eam arctius debet ac devotius amplexari, ...

[3]) Reg. no. 110 S. 1114; vgl. Matth. XXII, 21.

[4]) Vgl. M J Ö G. XXVII (1906), 708.

Schutze der Kirche geschaffen sind[1]). Denn während die geistliche Macht durch Wort und Beispiel wirken[2]), ihre Feinde lieben und für sie beten soll[3]), ist der weltlichen Macht bestimmt, die Übeltäter zu strafen, die Kirche mit bewaffnetem Arm gegen ihre Feinde zu verteidigen und den Frieden zu erhalten[4]). Und Innocenz verwahrt sich auf das entschiedenste gegen die Beschuldigung[5]), auf die Vernichtung des Kaisertums hinzuarbeiten, und betont stets sein auf Erhaltung und Förderung der kaiserlichen Macht gerichtetes Streben. Beide Gewalten sind ihm, wenn auch an sich selbständig in ihrer Wirkung und Lebensfähigkeit, ein untrennbares Ganzes, eine Anschauung, die er aus den verschiedensten Stellen der heiligen Schrift gewinnt.

Er folgert dies aus der Vereinigung[6]) der priesterlichen und königlichen Macht bei Melchisedech[7]), dem zur „Transfiguration" Christi in die Welt gesandten

---

[1]) Ep. VII, 79 S. 361. Ad sponsae suae, universalis videlicet Ecclesiae, munimentum, pontificalem et regiam Dominus instituit dignitatem, ... und ebenda: Expedit igitur, ut et spiritualis auctoritas, et saecularis potestas, ... concurrant ad Ecclesiae defensionem in unum, ...

[2]) Ep. VII, 79 S. 361. unam quae subditorum vitam verbo instrueret et exemplo, ...

[3]) Ep. VII, 79 S. 361. unam quae inimicos diligeret et pro persecutoribus etiam exoraret, ...

[4]) Ep. VII, 79 S. 361. aliam quae ad vindictam malefactorum et laudem bonorum gladium materialem exerceret et armis quietem ecclesiasticam tueretur.

[5]) Reg. no. 1 S. 996. qui non ad destructionem imperii, ... sed ad conservationem et provisionem ipsius potius aspiramus, ... vgl. auch Reg. no. 2 S. 998; 15 S. 1010; 21 S. 1019; 31 S. 1033; 33 S. 1039; 110 S. 1114 u. ö.

[6]) Reg. no. 18 S. 1012. In Genesi legimus quod Melchisedech fuit rex et sacerdos, ... vgl. Reg. no 141 S. 1140 u. Prima collect. tit. II S. 1184.

[7]) Ausführlich spricht Burdach a. a. O. S. 240ff. von dem „Ordo Melchisedech und Innocenz' III. Lehre vom päpstlichen Primat" und weist auf die große Bedeutung dieser Theorie vom Priesterkönig als Hintergrund von der Legende der donatio Constantini hin (bes. S. 244). — Vgl. bes. ebenda S. 259f.

mystischen König und Hohenpriester[1]), und aus der Tatsache, daß Christus in seiner Menschgestalt königlicher, als Gottessohn geistlicher Herkunft war[2]). Daß aber diese beiden als einheitliches Ganzes zusammenzufassenden Gewalten auch tatsächlich einig[3]) sein sollen, liegt schon in der Bestimmung, die ihnen Innocenz gibt: regnum und sacerdotium hat Gott in die Kirche so eingefügt, daß das Königtum priesterlich und das Priestertum königlich sein soll, wie ja Petrus in seinem Briefe und Moses im Gesetz diese Einheit beider Gewalten verkünden: an der Spitze des Universums soll der stehen, den Petrus auf Erden zu seinem Nachfolger eingesetzt hat[4]).

Wie das geistliche und das weltliche Schwert sich wechselseitig Beistand leisten und ihre Kräfte vereinigen sollen, so daß sie, für einander eintretend, Fehler wieder gut machen und Unvollendetes zum Abschluß bringen, so müssen sie auch einander helfen. Und als Vikar Christi vereinigt der Papst wie Leib und Seele auch regnum und sacerdotium in sich, und beiden gereicht diese Einheit zu größtem Segen. Denn gegen die, welche das geistliche Schwert nicht fürchten, muß das weltliche des geistlichen Rechte geltend machen, während das geistliche Schwert dem weltlichen, wenn es not tut, die Kraft seiner Autorität leihen muß[5]). Aus der Einigkeit ziehen beide ja den größten Nutzen[6]). Denn die geistliche Gewalt wird durch die weltliche nach außen hin verteidigt, die weltliche aber im Inneren durch die geistliche gefestigt[7]).

---

[1]) Vgl. Friedberg, Festschr., Die mittelalterlichen Lehren über das Verhältnis von Staat und Kirche, S. 7.

[2]) Reg. no 18, S. 1012.

[3]) Reg. no. 18 S. 1012. concordiam quae inter regnum et sacerdotium debet existere, ... vgl. Reg. no. 141 S. 1140; Reg. no. 179 S. 1162 u. Prima collect. tit. II, S. 1179.

[4]) Reg. no. 141 S. 1140. — Vgl. Ebr. VII u. I. Mos. XIV, 18.

[5]) Reg. no. 97 S. 1103.

[6]) Reg. no. 21 S. 1021. regnum et sacerdotium diebus nostris mutuis subsidiis optatum recipient incrementum.

[7]) Reg. no. 2 S. 998.

Und heilsam ist auch die Wirkung dieser Einigkeit; durch sie wird die Treue verbreitet und die Irrlehre niedergehalten, die Tüchtigkeit eingepflanzet und das Laster ausgerottet, die Gerechtigkeit bewahrt und die Ungerechtigkeit vernichtet, die Ruhe gefestigt und der Verfolgung Einhalt getan. Mit dem Frieden des christlichen Volkes schwindet die Roheit der Barbaren und es wächst mit zunehmender Herrschaft des Imperiums die Freiheit der Kirche; mit der Freiheit der Körper wächst aber auch das Heil der Seele und dem Klerus und Volk bleiben seine Rechte gewahrt[1]).

Und derselbe Gedanke leitet Innocenz, wiewohl in persönliche Form gekleidet, wenn er am 15. Januar 1208 an Otto von Braunschweig[2]) schreibt: uns beiden ist die Herrschaft der Welt in erster Linie übertragen. Wenn wir einträchtig und einig sind im Guten, dann kann uns mit Gottes Hilfe nichts widerstehen, da wir ja beide Schwerter in Händen haben. Beide können dann ihre Funktionen gut verrichten, wenn sie einander unterstützen.

Aber stellt auch Papst Innocenz III. die beiden Gewalten als selbständige Faktoren nebeneinander, so spricht er doch sehr oft unzweideutig die Superiorität der geistlichen Macht über die weltliche aus.

Der Papst ist ihm der König der Könige und der Herr der Herren und hat als solcher nicht allein in geistlichen Dingen die höchste Gewalt, sondern auch in weltlichen eine sehr umfangreiche[3]), während dem Laien durchaus das Recht abgesprochen wird, in kirchlichen Sachen irgendwie zu inter-

---

[1]) Reg. no. 2 S. 997 f.

[2]) Reg. no. 179 S. 1162. Nobis enim duobus regimen huius saeculi principaliter est commissum: qui si unanimes fuerimus et concordes in bono, ... cum nobis duobus, favente Domino, nihil obsistere vel resistere possit, ...

[3]) Ep. VIII, 190 S. 767. quia tamen Romanus pontifex illius agit vices in terris, qui est rex regum in terris et Dominus dominatium, ... non solum in spiritualibus habet summam, verum etiam in temporalibus magnam ab ipso Domino potestatem.

venieren[1]). Diese seine Anschauung über den Prinzipat der geistlichen Gewalt spiegelt sich denn auch in seinem ganzen politischen System wieder.

Die Quellen für diese Theorie fließen dem Innocenz aus dem alten und neuen Testament, aus seiner exempten Stellung als Nachfolger Petri und Statthalter Gottes auf Erden und aus der Tradition.

Wir wollen bei der Darlegung der innocentischen Superioritätslehre von der schon erwähnten responsio Domini Papae facta nuntiis Philippi in consistorio[2]) als dem Hauptstützpunkt biblischen Superioritätsbeweises ausgehen.

Mit dem Versuch einer historischen Beweisführung legt Innocenz hier dar[3]): eine Vorrangstellung hat das sacerdotium vor dem regnum schon seit den ältesten Zeiten. Schon der aus der Schlacht zurückkehrende Abraham leistet dem Priesterkönig Melchisedech von Salem den Zehnten und wird von ihm gesegnet. Wie aber der Segnende größer ist als der Gesegnete und der den Zehnten Gebende kleiner als der Nehmende, so ist das sacerdotium an Bedeutung dem regnum überlegen. Und Innocenz sucht mit einer Fülle von mehr oder weniger beweiskräftigen Bibelstellen[4]) des Papstes Gottähnlichkeit gegenüber der Menschnatur der Könige darzulegen, um daraus dann auch die persönliche Überlegenheit der Priester und damit des Papstes über die Könige abzufolgern[5]).

Auch die S a l b u n g der Priester und Könige ist ihm ein Ausgangspunkt für den Superioritätsbeweis. Nach göttlichem Gesetz, so sagt Innocenz unter Hinweis auf den Psal-

---

[1]) Ep. VII, 203 S. 516. quod, cum laicis, quantumcumque religiosis, disponendi de rebus ecclesiasticis nulla sit attributa facultas, ... Ep. IX, 46 S. 857.

[2]) Reg. no. 18 S. 1012ff.

[3]) Ebenda S. 1012.

[4]) Ebenda S. 1013. — Vgl. Phil. II, 6—7; Exod. XXII; Maleach. II, 7.

[5]) Reg. no. 18 S. 1013. Hinc est quod Dominus sacerdotes vocavit deos, reges autem principes appellavit.

misten (Psalm 44) und auf Joh. 16[1]), werden Priester und Könige gesalbt, und zwar stets salbt der Priester den König. Wie aber der Salbende stets höher stehen muß als der Gesalbte[2]), so ist auch das Priestertum dem Königtum an Bedeutung überlegen.

Zu gleichem Resultat führt die Verschiedenheit zwischen Körper und Seele. Während den Fürsten die Macht auf Erden gegeben ist, besitzen die Priester auch die im Himmel. Die einen beherrschen die Körper, die anderen auch die Seelen; und um soviel bedeutender die Seele als der Körper ist, um soviel wertvoller gilt auch das Priestertum als das Königtum[3]).

Auch chronologische und qualitative Verschiedenheiten beider Gewalten geben Innocenz Stützen für seine Primatstheorie. Und zwar sucht er zunächst aus dem alten Testament den zeitlichen Vorgang des sacerdotium vor dem regnum darzutun. Hier macht er sich selbst den Einwurf, man könne sagen, das Priestertum sei nur im Volke der Juden, nicht aber im Volke der Menschheit dem Königtum vorangegangen und dies sei scheinbar auch insofern zu begründen, als Belus zur Zeit des Sarug, eines Ahnen Abra-

---

[1]) Ebenda S. 1012f.

[2]) Ebenda: dignior est ungens quam unctus.

[3]) Ebenda. — Principibus datur potestas in terris, sacerdotibus autem potestas tribuitur et in coelis. Illis solummodo super corpora, istis etiam super animas. Unde quanto dignior est anima corpore, tanto dignius est etiam sacerdotium quam sit regnum. — Bei der Auslegung dieser Stelle stehe ich im Gegensatz zu Gosselin, Pouvoir du pape au moyen âge. Bd. II, 248 interpretiert G. in der oben zitierten Textstelle (Reg. no. 18 S. 1012) die m. E. maßgebenden Worte et coelis (in coelis) und nachher etiam (super animas ...) einfach weg. Sein Text lautet: Le pouvoir des princes s'exerce sur la terre, celui des prêtres dans le ciel; ceux-là ne gouvernent que les corps, ceux-ci les âmes. Hieraus kann man allerdings nur eine Scheidung beider Gewalten und nicht eine Überordnung der einen entnehmen. — Vgl. auch Ep. Suppl. 190 S. 229, wo Ähnliches gefolgert wird unter Hinweis auf Matth. XVI, 26: Was nützt es dem Menschen, wenn er die ganze Welt gewönne, aber Schaden erlitte an seiner Seele? — Vgl. Prima collect. tit. II S. 1183.

hams, nach dem Turmbau zu Babel und der Sprachenwirrung zuerst über die Assyrer geherrscht und des ersteren Sohn und Nachfolger Ninus schon die Stadt Ninive gegründet habe. All diesen möglichen Entgegnungen stellt aber Innocenz die Gestalt Noas entgegen. Dieser war Führer der Arche und gewissermaßen Priester der Kirche, wie auch Moses von ihm sagt (Genes. VIII, 20): Noe baute dem Herrn einen Altar und brachte ihm Brandopfer dar. Auch soll Noes erstgeborener Sohn Sem der schon des öfteren erwähnte Melchisedech der jüdischen Überlieferung gewesen sein und bis zu den Zeiten Abrahams gelebt haben. Und will man auch Kains Sohn schon Städtegründungen zuschreiben, fährt Innocenz fort, so begann doch schon Seths Sohn Enoch Gottes Namen anzurufen, und es lebte ja schon vor diesen allen Abel, der Gott seine Erstlinge als Opfer darbrachte; und zudem ging ja auch das Priestertum Aarons dem Königtum Sauls zeitlich voran[1]). Dieser historische Beweis erbringt dem Innocenz abermals den Vorrang des Priestertums[2]), während eine qualitative Untersuchung desselben zu gleichem Resultat führt: denn das Königtum ist nur von Menschen herbeigezwungen[3]) worden. das Priestertum dagegen ist auf Grund göttlicher Einrichtung entstanden[4]).

Alsdann ergibt die verschiedene Wirkung des Schismas auf Priestertum und Königtum dem Innocenz einen weiteren Beweis für den Principat des ersteren. Schon in den ältesten Zeiten erhob sich gegen das Priestertum des

---

[1]) Für die Beweisführung s. Reg. no. 18 S. 1012f. u. vgl. Serm. de sanctis VII in festo d. Silvestri pontif. max. S. 482.

[2]) Reg. no. 18 S. 1013f. Utrumque tam regnum quam sacerdotium institutum fuit in populo Dei; sed sacerdotium per ordinationem divinam, regnum autem per extorsionem humanam.

[3]) Ebenda S. 1014 verweisend auf I. Könige VIII: Audi vocem populi petentis regem. non enim te abiecerunt, sed me, ne regnem super eos.

[4]) Ebenda S. 1013f. unter Berufung auf Exod. XXVIII: Applica ad me Aaron fratrem tuum et filios eius de medio filiorum Israel, ut sacerdotio mihi fungatur.

Aaron Core, Dathan, Abiron und seine Rotte, ward jedoch sofort durch göttliches Strafgericht teils vom Feuer verbrannt, teils von der Erde verschlungen[1]). Dem Königtum Sauls aber entstand in David auf Eingabe Gottes hin ein Gegner, der letzten Endes doch den Sieg davontrug — denn Gott war mit ihm[2]). Und auf die Frage, was nun eigentlich die verschiedene Wirkung des Schismas bedinge, nämlich daß es gegen das sacerdotium nichts vermochte, sondern unterlag, daß es aber dem regnum obsiegte, antwortet Innocenz abermals: das Schisma vermochte deshalb nichts gegen das sacerdotium, weil dieses auf Grund göttlicher Einrichtung beruht; das Schisma war aber mächtig gegenüber dem regnum, weil das erst auf menschliche Forderung hin entstanden ist.

Besonders beweiskräftig aber erscheint Innocenz die Tatsache, daß nach Salomos Tode das jüdische Volk geteilt wurde, wobei zwei Stämme nur Roboam, die anderen Jerobeam anhingen. Von diesen Königen besaß der erstere die königliche Residenz Jerusalem, den Tempel und das sacerdotium, der andere dagegen hatte trotz seiner größeren Untertanenschaft all dieses nicht und wollte nunmehr wie das regnum so auch das sacerdotium teilen. Er schuf zu diesem Zwecke zwei goldene Kälber, deren eines er in Dan, das andere in Bethel aufstellte. Auch baute er einen Tempel und einen Altar und setzte Priester ein, die nicht aus dem Stamme Levi waren. Da aber kam der Prophet im Worte des Herrn und sprach zu Jerobeam, der am Altar stand und Weihrauch opferte: dieses wird ein Zeichen sein, sprach der Herr: siehe, dieser Altar wird zerrissen werden und die Asche, die auf ihm ist, wird zerstreut werden[3]). Als das der König hörte, wollte er den Propheten gefangen nehmen lassen. Aber es verdorrete seine Hand, die er nach dem Propheten ausgestreckt hatte, der Altar aber wurde zerrissen und die Asche ver-

---

[1]) Reg. no. 18 S. 1014 u. Reg. no. 141 S. 1141.
[2]) Reg. no. 18 S. 1014. quia manus Domini erat cum illo.
[3]) Ebenda; — vgl. I. Könige XIII, 3—5 u. Reg. no. 141 S. 1141.

schüttet. So ward von Gott sofort das Schisma, folgert Innocenz, das gegen das sacerdotium gerichtet war, bestraft[1]), während der Zwiespalt im Reich noch bis zur Babylonischen Gefangenschaft andauerte. Auch hier erkennt Innocenz den auf seinem göttlichen Ursprung beruhenden, dauernden Charakter des sacerdotium gegenüber der zeitlichen Begrenztheit der weltlichen Reiche.

Führt er im Zusammenhang mit den früheren Beweisen, die sich an das Schisma knüpften, aus der nächsten Vergangenheit das Beispiel von Innocenz II. und Lothar an, so ist das außerordentlich geschickt gewählt. Wie bekannt, waren damals Klerus und Reichsfürsten zur Zwiespaltwahl geschritten und es standen Innocenz II. und Anaklet einerseits, Lothar und Conrad andererseits als Schismatiker einander gegenüber. Man hatte also auch damals einen staufischen Thronkandidaten und einen antistaufischen; der staufische unterlag und der rechtmäßig gewählte Papst Innocenz konnte den zu Recht bestellten König Lothar krönen. Beide Schismatiker waren also unterlegen[2]).

Noch viel klarer und scharfsinniger veranschaulichen uns des Innocenz Gedanken über die beiden Gewalten die zwar nicht originellen, aber seit seinem Pontifikat eigentlich erst bedeutenden allegorischen Bilder: von den zwei Schwertern und den beiden Himmelskörpern.

Die Zweischwertertheorie, wie wir den ersten Vergleich bezeichnen möchten, wird in den Briefen des Innocenz nur verhältnismäßig kurz erwähnt. Wie so oft geht er hier von dem neuen Testament aus und knüpft an die Darstellung bei Lucas[3]) an, wo die Jünger Christo kurz vor seiner Gefangennahme nochmals ihre Treue versichern, und wo es zum Schluß heißt: sie sprachen aber: Herr siehe, hier sind zwei Schwerter. Er aber sprach zu ihnen: es ist genug. Unter

---

[1]) Reg. no. 18 S. 1015.

[2]) Ebenda S. 1015.

[3]) Luc. XXII, 38 zitiert in Reg. no. 2 S. 997; 179 S. 1162; — Ep. XI, 28 A. 1359; Ep. XII, 69 S. 77 u. ö.

diesen beiden Schwertern nun versteht Innocenz die geistliche und die weltliche Macht[1]. Petrus besitzt sie beide; die eine handhabt er selbst, die andere regiert er durch die weltlichen Fürsten. Wenn diese letzte Schlußfolgerung auch aus des Innocenz eigenen Worten direkt nicht zu erweisen ist, so geht die Auffassung von der mittelbaren Handhabung des weltlichen Schwertes durch den Papst doch deutlich aus den Worten „*quem Petrus per se ipsum exercet*"[2] hervor; wenn Innocenz das eine Schwert selbst führt, so muß das zweite eben ein anderer handhaben, und damit kann nur die Gesamtheit der weltlichen Fürsten gemeint sein. Dies erhellt besonders aus seinem Briefe an den Kaiser Heinrich von Konstantinopel[3]. Beide Schwerter sollen einander unterstützen, die Fehler wechselseitig wieder gut machen und Unvollendetes zum Abschluß bringen. Gegen die, welche das geistliche Schwert nicht fürchten, soll das weltliche einschreiten, und im entgegengesetzten Fall soll das geistliche dem weltlichen Nachdruck verleihen[4]. Und beide Schwerter,

---

[1]) Reg. no. 179 S. 1162. quia nimirum pontificalis auctoritas et regalis potestas, ... quae per illos duos gladios designantur, ...

[2]) Ep. VII, 212 S. 527 heißt es in einem Briefe an den König von Frankreich: eo quod gladium, quem Petrus per se ipsum exercet, ... und im Gegensatz dazu ebenda: ut saecularis gladius potestatis, qui ad malefactorum vindictam a regibus et principibus bajulatur, ad vindicandam evaginetur iniuriam Salvatoris ... Vgl. Hauck, Deutschl. u. d. päpstl. Weltherrsch. S. 42 Anm. 2.

[3]) Hampe a. a. O. MIÖG. XXIII (1902), 562. autem gladium, quem suscepisti a Domino baiulandum, in eius obsequium exeras, sicut decet, ecclesias et personas ecclesiasticas sollicite tuearis ab incursibus malignorum.

[4]) Reg. no. 97 S. 1103. Sicut sibi spiritualis et materialis gladius mutuantur mutuae subventionis auxilium, et vicissim communicant, vires suas, ut defectus suos ope vicaria suppleant, et uterque alterius perficiat imperfectum, decet etiam ut sibi ad invicem suffragentur, et apud eos qui gladium spiritualem non timent, ius ipsius armis gladius materialis alleget, et spiritualis temporali, cum necesse fuerit, auctoritatis suae robur impendat, et tribuat super iis quae minus essent valida sine ipso valorem. — Vgl. Ep. VII, 54 S. 339.

das geistliche, dessen sich das sacerdotium bedient, und das weltliche, welches das regnum führt, sind nötig: denn sie sollen die Schlechten strafen und die Guten loben[1]).

Am klarsten aber spricht wohl Innocenz seine Ansicht über die Stellung beider Gewalten in dem allegorischen Bilde von den beiden Himmelskörpern aus[2]). Auch diese Metapher ist, wie die von den beiden Schwertern, bereits traditionell auf ihn gekommen, aber er modifiziert sie doch insofern, als er nicht allein das Größenverhältnis und den Qualitätsunterschied zwischen beiden Himmelslichtern allegorisch deutet, sondern sich auch die meteorologischen Beziehungen zwischen beiden nutzbar macht.

Der Darstellung dieser Theorie legen wir den Text des am 30. Oktober 1198 an den Prior Acerbus und die anderen Rektoren Tusciens und des Dukats gerichteten Briefes[3]) zugrunde, der wegen seiner großen Ausführlichkeit am geeignetsten erscheint. Hier führt Innocenz aus: Wie Gott, der Gründer des Alls, zwei große Lichter am Firmament des Himmels schuf, ein größeres, das den Tag beherrsche, und

---

[1]) Ep. XII, 69 S. 77. non solum spiritualis gladius, quo utitur sacerdotalis auctoritas, sed etiam materialis, quem exerit saecularis potestas, est necessarius ad vindictam malefactorum, laudem vero bonorum.

[2]) Diese Theorie wird erwähnt Ep. I, 401 S. 577; Reg. no. 2 S. 997; 32 S. 1035; 179 S. 1162. — Über ihre Entwicklung spricht Burdach a. a. O. S. 273f.

[3]) Ep. I, 401 S. 577. Sicut universitatis conditor Deus duo magna luminaria in firmamento coeli constituit, luminare maius, ut praeesset diei, et luminare minus, ut nocti praeesset; sic ad firmamentum universalis Ecclesiae, quae coeli nomine nuncupatur, duas magnas instituit dignitates; maiorem quae quasi diebus animabus praeesset et minorem, quae quasi noctibus praeesset corporibus: quae sunt pontificalis auctoritas et regalis potestas. Porro sicut luna lumen suum a sole sortitur, quae revera minor est illo quantitate simul et qualitate, situ pariter et effectu: sic regalis potestas ab auctoritate pontificali suae sortitur dignitatis splendorem; cuius conspectui quanto magis inhaeret, tanto maiori lumine decoratur; et quo plus ab eius elongatur aspectu, eo plus proficit in splendore.

ein kleineres, das die Nacht regiere, so hat er am Firmament der allgemeinen Kirche, die mit dem Namen Himmel bezeichnet wird, zwei große Lichter, die Gewalten, geschaffen; eine größere, die gewissermaßen die Tage, nämlich die Seelen beherrsche, und eine kleinere, welche die Nacht, d. i. die Körper regiere. Das sind die päpstliche und die königliche Macht[1]. Ferner wie der Mond sein Licht von der Sonne empfängt, der doch tatsächlich kleiner ist als jene an Größe und an Bedeutung, an Lage wie an Wirkung, so empfängt auch die königliche Macht den Glanz ihrer Bedeutung von der geistlichen. Und auch in ihrer Wirksamkeit werden beide Gewalten gleich geschieden[2]: die geistliche soll die von teuflischer List Getäuschten von den Ketten der Sünden befreien kraft ihrer Binde- und Lösegewalt, die weltliche aber soll den rächenden Arm ausstrecken gegen wahnwitzige Häretiker und Christenfeinde und dem Unrecht Einhalt gebieten.

V. Das weltliche Richteramt des Papstes.

Nicht allein das Verhältnis des Papstes zu den Herrschern und Völkern gibt Innocenz den Anspruch auf Weltherrschaft, sondern er erschließt denselben auch noch aus einer ganz

[1]) Pontificalis auctoritas et regalis potestas.

[2]) Reg. no. 32 S. 1035. sicut circa mundi creationem et saeculorum initia duo magna luminaria in firmamento coeli constituit, unum quod illuminaret diem, alterum quod in tenebris radiaret, sic processu temporum ad firmamentum Ecclesiae, quae coeli nomine designatur, duas magnas instituit dignitates; primam quae illuminet diem, id est, in spiritualibus spirituales informet et animas diabolica fraude deceptas a peccatorum catenis absolvat, cum ex previlegio sibi traditae potestatis quos ipsa ligat et solvit in terris, Deus ligatos habeat et solutos in coelis; etc. — Wir geben die Belegstelle so genau wieder, weil sie gleichzeitig eine andere Version der Theorie von den zwei Lichtern darstellt.

persönlichen Qualität des Inhabers des apostolischen Stuhles: aus seiner Stellung als oberster Richter[1]).

Gott selbst hat den Papst als seinen Vikar[2]), als den Nachfolger Christi[3]) und als den Nachfolger Petri[4]) auf den Thron der Gerechtigkeit gesetzt[5]), um Urteil zu sprechen auch über die Fürsten[6]). Selbst das Recht über den Kaiser zu richten, scheint sich Innocenz zuzusprechen, wenn er die französischen Bischöfe daran erinnert, daß Kaiser Valentian den Mailänder Suffraganen gesagt haben soll: setzet einen solchen Mann auf den päpstlichen Stuhl, vor dem wir, die wir das Kaisertum regieren, wirklich unser Haupt beugen können[7]).

Als Zusammenfassung dieser papalen Ansprüche auf oberste Gerichtsbarkeit auf Erden kann die Decretale „Per venerabilem"[8]) gelten. In ihr legt Innocenz dar: der Papst besitzt als Oberhaupt der Kirche nicht nur im Patrimonium

---

[1]) Vgl. die Decretale Per venerabilem. s. Anm. 8.

[2]) Ep. II, 197 S. 746. vicarios sui ... constituerit ... Vgl. Ep. I, 432 S. 412. qui acum simus, licet insufficientes, in sede iustitiae constituti, ...

[3]) Ep. X, 68 S. 1164. Cum geramus in terris, licet immeriti, vicem eius cui coelestis Pater iudicium omne dedit, ut nec esset nimis rigidum ex potentia, nec ex benignitate valde remissum, sed misericordia pariter et iustitia per sapientiam temperatum, ita nos decet de subditis iudicare quod utraque virtute nostrum iudicium condiamus.

[4]) Ep. II, 197 S. 746. (nos) apostolorum Principis constituerit successores, ...

[5]) Ep. II, 197 S. 746. quod nos Dominus, licet immeritos, in sede iustitiae collocaverit ... — Ep. I, 432 S. 412. quia, cum simus ... in sede iustitiae constituti, ...

[6]) Ep. II, 197 S. 746. (nos) imo supra principes sedere voluit et de principibus iudicare, ...

[7]) Ep. VII, 42 S. 326.

[8]) Vgl. Molitor, Die Decretale Per venerabilem; für ihre große Bedeutung vgl. O. Lorenz, Deutsche Gesch. im 13. u. 14. Jahrh. I, 13. Die Decretale ist aufgenommen in dem Corp. iur. can.: Decret. lib. IV tit 17 qui fili sunt legitimi c. 13.

Petri, sondern auch in allen Ländern[1]) *certis causis inspectis,* d. h. in Anbetracht gewisser Umstände und causaliter oder *casualiter*[2]), d. h. für den einzelnen Fall, weltliche Gerichtsbarkeit, eine Anschauung, die insofern bemerkenswert ist, als sie erstmalig „den regelmäßigen Gebrauch des geistlichen Schwertes durch Anwendung der kirchlichen Jurisdiktion über weltliche Herrscher scheidet . . von den Fällen, in welchen der Papst außerordentlicherweise das weltliche Schwert selbst handhabt[3])". Trotzdem muß man im Auge behalten, daß Innocenz keineswegs fremde Gerechtsame usurpieren will. Das erhellt ganz deutlich aus einem die englischen Verhältnisse betreffenden Schreiben, das für hohe englische Geistliche die feste Weisung enthält, weltliche Dinge betreffende Entscheidungen nicht vor geistlichen Gerichten abhandeln zu lassen[4]). Diese Befugnis der weltlichen außerordentlichen Rechtsprechung ist für Innocenz in den Worten des alten Testaments[5]) verankert. Hier steht geschrieben: wenn eine Sache vor Gericht dir zu schwer sein wird[6]), zwischen Blut und Blut, zwischen Handel und Handel, zwischen Schaden

---

[1]) Ep. V, 128 S. 1132. quod non solum in Ecclesiae patrimonio, super quo plenam in temporalibus gerimus potestatem, verum etiam in aliis regionibus, certis causis inspectis, temporalem iurisdictionem causaliter oder casualiter exercemus; . . .

[2]) Corp. iur. can. C. 13 X 4, 17 steht casualiter, bei Migne causaliter. — Vgl. hierzu auch Burdach, a. a. O. S. 250f.

[3]) Vgl. Gierke, Genossenschaftsrecht, III, 529 Anm. 25 u. S. 527ff.; vgl. ebenso die Decretalen „Per venerabilem" und „Novit".

[4]) Hampe, Aus verl. Registerb. der Päpste Innocenz III. u. Innocenz IV. MJÖG. XXIII (1902), 557. — Dieselbe Anschauung findet sich in einem Brief des Innocenz an den Bischof von Vercelli, der auch in das corp. iur. can. unter c. 10 X 2, 2 de foro competenti aufgenommen ist. Doch tritt hier eine interessante Einschränkung des Sinnes ein, daß der Papst eine Appellation an den apostolischen Stuhl vacante imperio erlaubt. Diese Stelle läßt sich wohl einwandsfrei als Keim für die späteren päpstlichen Ansprüche auf das Reichsvikariat ansprechen.

[5]) In der Decretale Per venerabilem unter Berufung auf Deuteronom. XVII, 8ff.

[6]) Si difficile et ambiguum apud te iudicium esse perspexeris.

und Schaden und was Streitsachen sind in deinen Toren, so sollst Du dich aufmachen und hinaufgehen zu der Stätte, die der Herr dein Gott erwählen wird, und zu den Priestern, den Leviten, und zu dem Richter, der zur Zeit sein wird, kommen und fragen, die sollen dir das Urteil sprechen usw.

Und dasselbe läßt sich aus dem neuen Testament erhärten: denn der Ort, den der Herr erwählt hat, ist der apostolische Stuhl, der auf den Felsen fest gegründet ist. Rom ist der erwählte Ort, hat doch der Herr Christus gesagt: ich gehe nach Rom, um wieder gekreuzigt zu werden. Die Priester aber aus dem Stamme Levi sind Brüder der jetzigen, und Petrus als Priester und Richter ist über sie gesetzt kraft der ihm von Gott übertragenen Binde- und Lösegewalt und kraft seiner Stellung als Vikar Gottes ein Richter über Lebendige und über Tote, eine Machtbefugnis die Innocenz als ein durch das Wort Gottes übertragenes[1]) ius divinum gilt.

Dem Petrus — und somit auch seinen Nachfolgern — unterstehen drei Arten von Rechtsfällen:

1. *inter sanguinem et sanguinem,* d. i. ziviles Kriminalrecht;

2. *inter causam et causam,* d. i. sowohl Kirchen- wie Zivilgerichtsbarkeit;

3. *inter lepram et lepram,* d. i. kirchliches Kriminalrecht[2]). Deshalb, wenn irgend Schwieriges zu entscheiden ist, so ist an den apostolischen Stuhl als an den obersten Gerichtshof zu appellieren. Wer aber diesem Rechtsspruch den Gehorsam verweigert, soll analog den Bestimmungen des alten Testaments des Todes sein, d. h. auf des Innocenz Gegenwart übertragen, durch Exkommunikation wie ein Toter aus der Gemeinschaft der Gläubigen ausgeschieden werden.

---

[1]) Decretale „Novit“ (Ep. VII, 42 S. 326). cum non humanae constitutioni sed divinae legi potius innitamur, quia nostra potestas non est ex homine sed ex Deo.

[2]) Vgl. auch J. Langen, Gesch. d. röm. Kirche, S. 637 u. Burdach, a. a. O. S. 252.

Und auch sonst erhellt ganz deutlich aus der heiligen Schrift die päpstliche Gerichtsbefugnis über rein weltliche Dinge; sagt doch Paulus, um den Umfang der Zuständigkeit apostolischen Rechtsspruches zu umzeichnen: Wisset Ihr nicht, daß wir über die Engel richten werden? Wieviel mehr über die zeitlichen Güter? Klarer aber läßt sich der Kompetenzbereich der päpstlichen Gerichtsbarkeit noch erfassen, wenn man die Decretale „Novit"[1]) zu Rate zieht. Nicht nur privatrechtliche Fälle — wie der Ehestreit zwischen König Philipp II. August von Frankreich und Ingeborg von Dänemark — nicht nur staatsrechtliche — wie die Legitimation der Erben des Grafen Wilhelm von Montpellier — sondern auch völkerrechtliche Fälle gehören vor das Forum der Kurie: nämlich die Verbindlichkeit von Verträgen sich bekriegender Völker — in der Decretale „Novit" handelt es sich um einen Vertrag zwischen Frankreich und England — wird nach Innocenz vom Papst gewährleistet und im Weigerungsfalle durch päpstlichen Schiedsspruch aufrecht erhalten[2]). Und wenn Innocenz in einem Briefe an die französischen Erzbischöfe und Bischöfe sagt[3]): *Nullus enim, qui sit sanae mentis, ignorat quin ad officium nostrum spectet de quocumque peccato mortali corripere quemlibet Christianum, etsi correctionem contempserit, ipsum per districtionem ecclesiasticam coercere,* so erhellt daraus, daß er in alle irdischen Verhältnisse einzugreifen sich für berechtigt hält[4]), braucht er sie ja nur als Sünde zu erfassen, was bei der relativen Bedeutung dieses Wortes wohl in jedem Falle möglich war. Wie so oft stützt

---

[1]) Decretale „Novit" vom Jahre 1204 (Ep. VII, 42 S. 325ff.).

[2]) In der Decretale „Novit" heißt es: Postremo, cum inter reges ipsos formata fuerint pacis foedera, et utrinque praestito iuramento firmata, quae tamen servata usque ad praefixum terminum non fuerunt, nunquid non poterimus de iuramenti religione cognoscere, quod ad iudicium Ecclesiae non est dubium pertinere, ut ruptae pacis foedera reformentur?

[3]) Ep. VII, 42 S. 325. Vgl. auch Prima collect. tit. III, 1188.

[4]) Vgl. dazu O. Lorenz, Drei Bücher Geschichte und Politik, S. 9.

er auch hier seinen Anspruch auf Worte der heiligen Schrift: Jesaj. 58, 1[1]; II. Thimoth. IV, 3[2]; Jerem. I, 10[3]; Matth. XVI, 18[4].

Und fragen wir, auf wen sich diese Gewalt beziehen soll, so antwortet Innocenz: auf jedermann ohne Unterschied der Person. So kann der Papst seines Richteramtes walten, überall, wo in der Familie, in der Stadt, im Staat und im Völkerleben gegen den Frieden verstoßen wird.

VI. Des Innocenz Stellung zum Kaisertum.

Es ist die Aufgabe dieses letzten Kapitels, diejenigen Staatstheorien Papst Innocenz' III. aus den Quellen herauszuarbeiten, welche sich auf das römische Kaisertum und — wegen der Identität des deutschen Königs mit dem römischen Kaiser — auch auf das deutsche Königtum beziehen. Es soll nicht geleugnet werden, daß diese Theorien auch aufgestellt sind, um zugunsten des innocentischen Weltreiches eine legale Form für den Eingriff in den deutschen Thronstreit zu geben.

Als unumstößige Tatsache muß in den Vordergrund gerückt werden, daß die deutschen Fürsten das alleinige Recht haben, den deutschen König — ohne jede Mitwirkung des Papstes — zu wählen. Dies wird ihnen auch des öfteren

[1]) Rufe getrost, schone nicht, erhebe deine Stimme wie eine Posaune und verkünde meinem Volke ihre Übeltaten.

[2]) Strafe, drohe, ermahne mit aller Geduld und Lehre.

[3]) Siehe ich setze dich heute dieses Tages über Völker und Königreiche, daß du ausreißen, verstören und verderben sollst und bauen und pflanzen. — Vgl. Ep. VI, 143 S. 157 u. ö. — An dieser Stelle möchten wir darauf hinweisen, daß die meisten Bibelstellen bei Innocenz mangelhaft zitiert und vielfach textlich verkürzt sind, so daß wir uns genötigt sahen, den wörtlichen Text der Bibel des besseren Verständnisses wegen zugrunde zu legen. Ein Vergleich mit der Vulgata hat stattgefunden.

[4]) Wo von der Binde- und Lösegewalt die Rede ist.

von Papst Innocenz bestätigt[1]). Will dieser nun trotzdem Einfluß auf die deutsche Königswahl gewinnen, so kann er das nur erreichen, wenn er sich wegen der Gleichheit der Person des römischen Kaisers und des deutschen Königs des Kaisertums als Brücke zum Königtum bedient. Und das gelingt ihm sehr leicht.

An dieser Stelle möchte es notwendig erscheinen, der noch im Fluß befindlichen Streitfrage über die deutsche Königswahl Erwähnung zu tun[2]). Aber wir können aus zwei Gründen nicht Stellung zu diesem Problem nehmen: einmal weil dann der im Vorwort umzeichnete Charakter unserer Arbeit geändert würde und andererseits weil nur ein Teil des einschlägigen Materials über diese Streitfrage unseren Ausführungen zugrunde liegt. Zudem müßte u. E. nach eine gründliche Darlegung der eigenen Auffassung dieser schwierigen Frage zu dem Umfang einer neuen Arbeit anschwellen. Wir können hier nur andeuten, daß uns die von Bloch[3]) vorgetragene scharfe Scheidung zwischen ursprünglich deutscher und staufischer Kaiseridee, zwischen Kaiser- und Königswahl in bezug auf die deutsche Doppelwahl von 1198 nicht überzeugt hat und daß wir zum mindesten nach dem uns vorliegenden Material einen solchen Unterschied nicht machen können. Wir möchten vielmehr den Ausführungen von G. Husak und M. Kalbfuß[4]) beipflichten, von denen der

---

[1]) Vgl. Anm. 159 und 160.

[2]) Nach Abschluß meiner Arbeit sind mir noch zwei zusammenfassende Abhandlungen über diese schwierige Frage begegnet: einmal die knappe Besprechung von G. Bonwetsch, Neue Beiträge zur Geschichte des Kurfürstenkollegiums und der deutschen Königswahl, Lit. Rundschau 40 (1914) und andererseits die breiteren Ausführungen von B. Wunderlich, Die neueren Ansichten über die deutsche Königswahl und der Ursprung des Kurfürstenkollegs, Hist. Studien, herausg. von Ebering, Heft 114. Berlin 1913.

[3]) Die staufischen Kaiserwahlen und die Entstehung des Kurfürstentums.

[4]) Husak bespricht in den Göttingischen gelehrten Anzeigen 175 (1913) das Werk von Bloch (s. Anm. 144) und Kalbfuß legt seine An-

erstere[1]) nachweist, daß selbst Friedrich Barbarossa und Heinrich VI. das „Recht des Papstes auf die Verleihung des Kaisertitels“ anerkannten, und daß die Begriffe regnum und imperium sowie rex und imperator damals vollkommen ineinander übergingen[2]), eine Erscheinung, deren Ursache er in der langen Vereinigung von regnum und imperium erblickt; daß keine Scheidung zwischen Kaiser- und Königswahl stattfindet[3]), und endlich daß Philipp von Schwaben nur zum König gewählt wird[4]).

Als ebensowenig haltbar erweist sich Blochs Behauptung, Innocenz habe den deutschen Fürsten Anteil an der Erhebung des Kaisers gewährt, um auf die nunmehr nicht mehr spezifisch deutsche Wahl Einfluß zu gewinnen[5]), und die, das Papsttum und das römische Reich deutscher Nation kämpften jetzt mit vertauschten Waffen, so „daß eine deutsche Kaiserwahl als eine Forderung des Papstes, eine Königswahl zum Zeichen deutscher Freiheit von Rom vorgenommen werden konnte[6])“.

Dagegen ist wohl der Blochschen Auffassung, daß Papst Innocenz III. die von Erzbischof Adolf von Köln aufgestellten Rechtsnormen über das Vorrecht einzelner Fürsten bei der

---

Ansichten in der deutschen Literaturzeitung Nr. 16 (1913) im allgemeinen und MIÖG. XXXIV 502—521 im besonderen unter der Überschrift: Die staufischen Kaiserwahlen und ihre Vorgeschichte.

[1]) Husak, a. a. O. S. 192.

[2]) Ebenda S. 192ff.

[3]) Kalbfuß, MIÖG. XXXIV 521.

[4]) Husak, a. a. O. S. 197 u. 216.

[5]) Bloch, a. a. O. S. 34.

[6]) Bloch, a. a. O. S. 51, 67, 75, 82, 107. — Vgl. dagegen Kalbfuß MIÖG. XXXIV, 516. — Jedoch wenn hier die Ansicht vertreten wird, Innocenz habe „im Anfang gar nicht die Absicht gezeigt, ein dauerndes Recht der Mitwirkung des Papstes an der Königswahl zu schaffen, sondern habe nur dieses Mal die Doppelwahl in seinem Sinne entscheiden“ wollen, so kann ich dem nicht zustimmen, weil m. E. nach ein prinzipieller Eingriff des Innocenz in die deutschen Verhältnisse durch sein ganzes System bedingt war.

Königswahl aufnimmt und für seine Zwecke verwendet, nicht zu widersprechen [1]).

Doch kehren wir nach diesem Exkurs zu der näheren Beweisführung des Innocenz zurück.

Wir schicken einen knappen Überblick über die Augenblickslage vor der Doppelwahl von 1198 und über die politischen Gedankengänge des Innocenz voraus und schreiten dann zur Argumentation über die Berechtigung des Eingriffs in die Kaiserwahl und zu der Abfolgerung von Rechten zur Teilnahme an der deutschen Königswahl, wie wir sie in den Briefen Papst Innocenz' III. finden.

Wollte Innocenz III. auch Deutschland seinem Weltreich angliedern, ja wollte er überhaupt seine exempte Stellung den weltlichen Fürsten gegenüber einnehmen, so mußte er natürlich die Macht des Kaisers zu verringern suchen [2]) und dafür Sorge tragen, daß ein ihm genehmer Mann auf den deutschen Königsthron erhoben wurde [3]), den er dann nachher, der Tradition folgend, zum römischen Kaiser krönen konnte. Wie sollte er aber in dem Reich eines Barbarossa und eines Heinrich VI. seine Herrschaftspläne durchsetzen? Und wieder kam ihm, dem Günstling des Schicksals, das Glück zu Hilfe. Die deutschen Fürsten hatten sich nach Heinrichs VI. Tode zu keiner einheitlichen Wahl entschließen können, und es war wieder einmal zu einer unerquicklichen Zwiespaltswahl gekommen. Ja, diesmal gab es sogar drei Thronanwärter:

---

[1]) Husak, a. a. O. S. 209f. Vgl. auch Krammer, Wahl und Einsetzung S. 50, wo ausgeführt ist, daß die Grundsätze Adolfs von Köln über das bessere Recht einzelner Wähler als Leitmotiv für die neue päpstliche Theorie gedient haben. — Ebenso Krammer, Kurfürstenkolleg S. 31f., 36, Buchner, a. a. O. S. 206f. und Hugelmann, a. a. O. S. 69.

[2]) Die prinzipiellen Gegensätze von Papsttum und Kaisertum können bei R. Schwemer, Papsttum und Kaisertum, bes. S. 88ff., eingesehen werden.

[3]) Vgl. Seeliger, Neue Forsch. über die Entstehung des Kurfürstenkollegs MIÖG. 16 (1895) 83, wo „eine planmäßige Beeinflussung des deutschen Wahlverfahrens durch die Kurie" in Abrede gestellt wird.

Heinrichs VI.[1]) Sohn Friedrich von Sizilien, der schon als ungetauftes Kind im Jahre 1196 von den deutschen Fürsten zum König gewählt worden war, Heinrichs VI. Bruder Philipp von Schwaben und Otto von Braunschweig, der Sohn Heinrichs des Löwen[2]). Und das Schisma kam dem Innocenz sehr zustatten; er tat alles, um seine Dauer zu verlängern. Konnte er doch in dieser Zeit des Interregnums die italienischen Reichsgebiete dem Patrimonium angliedern und das in den letzten Jahrzehnten so gesunkene Ansehen des päpstlichen Stuhles wieder heben. Bewußt suchte er deshalb die Unentschlossenheit in Deutschland besonders dadurch zu nähren, daß er sich ganz passiv verhielt, sich in beiden Fürstenlagern — Friedrich von Sizilien war wegen seiner Jugend schon sehr bald auch mit Innocenz' Billigung ausgeschieden — vertreten ließ und beiden Parteien freundlich ablehnend gegenüberstand. Und erst als die Stellung der Kurie wieder fest begründet war, traf er Maßregeln, um aus der Uneinigkeit in Deutschland für sein Weltreich Vorteil zu ziehen.

Es mag dem Papst wohl niemals zweifelhaft gewesen sein, wem er bei der Zwiespaltwahl zur Krone verhelfen sollte; denn sein Mündel Friedrich[3]) mochte er nicht zum Kaiser erwählt wissen, weil dieser sicherlich die für die Kirche so gefährliche Vereinigung Siziliens mit dem Reiche erstreben und auch als Kaiser kaum den Lehnseid für Sizilien leisten würde. Durch Friedrichs Wahl konnte Innocenz nur verlieren. Auch war zu bedenken, daß die schwere Zeit einen

---

[1]) Genaueres s. Schirrmacher, Kaiser Friedrich II., Bd. I. — Winkelmann, Gesch. Kaiser Friedrichs II. und seiner Zeit.

[2]) Vgl. Winkelmann, Phil. v. Schwaben und Otto IV.; Abel, Phil. der Hohenstaufe, u. ders., Otto IV. u. König Friedrich II.

[3]) Reg. no. 29 S. 1025ff. Die folgenden Gedanken sind der berühmten Deliberatio Domini papae Innocentii super facto imperii de tribus electis entnommen, einer Schrift, die von Bloch, a. a. O. S. 34, nicht mit Unrecht als das Arsenal bezeichnet wird, aus dem Innocenz die geistigen Waffen für die späteren Kämpfe entnahm.

Mann an das Staatsruder forderte, wenn überhaupt gesunde Verhältnisse zwischen Reich und Kirche eintreten sollten. Schließlich mochte der Papst auch nicht mit Unrecht in Friedrich den Staufer sehen, der einst die traditionelle, antikirchliche Politik seiner Väter wieder aufnehmen würde. Gegen Philipp von Schwaben aber sprachen wie gegen Friedrich seine Abkunft, die so gefürchtete Unionsidee und sein kirchenfeindliches Vorleben[1]).

Otto von Braunschweig dagegen schien wegen seines geringen Ansehens, seiner klerusfreundlichen Gesinnung und seiner wertvollen Verwandtschaft mit Richard Löwenherz der geeignete Mann. Auch war er — und das war für den Papst sehr wertvoll — der Meistbietende: er gab durch die in Neuß[2]) am 8. Juni 1201 ausgestellte Urkunde, deren Ausführung tatsächlich die kaiserliche Gewalt jenseits der Alpen dem Papst übertragen hätte, um des letzteren Unterstützung zu erlangen, schmählich die italienischen Reichsländer auf und erwies sich in jeder Hinsicht als ein williges Werkzeug der Kurie.

Die Beweggründe für des Innocenz Vorgehen traten klar zutage. Er übersah die politische Lage genau und erfaßte sofort, daß er nicht von den traditionellen, papalen Richtlinien abweichen durfte, wenn er seine Handelsfreiheit wahren wollte. Darum galt es zwei Ziele, auf die damals die Politik der deutschen Herrscher gerichtet war und sein mußte, zu durchkreuzen: die Umwandlung des deutschen Reiches in ein Erbreich und die Vereinigung Siziliens mit Deutschland. Konnte Innocenz in einem Wahlreich von Fall zu Fall auf die Bestellung eines neuen Herrschers einwirken, so blieb in einem Erbreich naturgemäß ein für allemal sein Einfluß ausgeschaltet. Die andere Gefahr aber, die Vereinigung Siziliens

---

[1]) Er besetzte als Herzog von Tuscien die strittigen Gebiete Oberitaliens.

[2]) Hierzu vgl. den Aufsatz von H. Krabbo: Ottos IV. erste Versprechungen an Innocenz III. N. A. XXVII (1901), 515ff.

mit dem Reich, war vielleicht noch größer, weil durch die dann eintretende Einschnürung durch das Reich die unmittelbare, weltliche Machtsphäre der Kurie zum mindesten fest begrenzt, vielleicht sogar vernichtet wurde, ein Ereignis, das dann dem Inhaber des apostolischen Stuhles durch Entziehung jeder materiellen Macht die Freiheit des Handelns entreißen mußte. Deshalb arbeitete Innocenz vom ersten Tage seines Pontifikats auf die Sicherung der unmittelbaren päpstlichen Einflußzone, auf völlige Trennung von Deutschland und Italien und auf Wahrung des wahlrechtlichen Charakters der deutschen Krone hin.

Es handelte sich nunmehr für den Papst darum, eine legale Form für sein Eingreifen in den deutschen Thronstreit zu finden.

Wenngleich natürlich die Lehre von der Superiorität der geistlichen Macht über die weltliche und von der des päpstlichen Richteramtes, wie wir sie mit ihrer ermüdenden Beweisführung oben kennen gelernt haben, im Prinzip schon den Anspruch auch auf Eingriff in die römische Kaiserwahl wie auch die deutsche Königswahl in sich birgt, so sucht Innocenz sein Vorgehen dennoch mannigfach staatstheoretisch[1]) zu begründen. Zum Beweise der Abhängigkeit des römischen Kaisertums von dem Inhaber des apostolischen Stuhles dient Innocenz in erster Linie die kirchliche Fälschung von der translatio[2]) als Beweismittel, die er nur aus der Tradition zu übernehmen brauchte.

Diese verschiedentlich ausgesprochene Theorie sagt zunächst ganz allgemein unter augenscheinlicher Anlehnung an die donatio Constantini: das imperium ist durch den Papst

---

[1]) Vom rein rechtshistorischen Standpunkt wird diese Frage behandelt von K. G. Hugelmann, a. a. O. S. 44ff.

[2]) P. Dönitz, Über Ursprung und Bedeutung des Anspruches der Päpste auf Approbation der deutschen Königswahlen S. 62, bezeichnet sie treffend als „die dogmatische Einkleidung der historischen Entwicklung des Verhältnisses zwischen Kaisertum und Papsttum".

von den Griechen auf die Römer[1]) übertragen worden zum Zweck des Schutzes für die Kirche[2]). Und für diese Anschauung gibt Innocenz selbst in einer Predigt am Festtage des heiligen Silvester folgenden Kommentar: Nachdem Kaiser Konstantin von Byzanz einst durch den heiligen Silvester[3]) in der Taufe vom Aussatz gereinigt war, übertrug er — also doch wohl aus Dankbarkeit — Silvester Rom mitsamt Senat, Bewohnern und Ämtern wie überhaupt das gesamte Westreich und behielt für sich nur das Ostreich. Sogar die Krone von seinem Haupte wollte er Silvester übergeben, doch ward sie von diesem aus Ehrfurcht vor der päpstlichen Krone und aus Demut nicht selbst getragen. Gleichwohl aber übernahm damals Silvester die imperiale Gewalt. Denn

---

[1]) Am ausführlichsten findet sie sich Reg. no. 29 S. 1025: Interest apostolicae sedis diligenter et prudenter de imperii Romani provisione tractare, cum imperium noscatur ad eam principaliter et finaliter pertinere: principaliter, cum per ipsam et propter ipsam de Graecia sit translatum, per ipsam — das ipsum im Text ist wohl auf einen Druckfehler zurückzuführen — translationis actricem, propter ipsam melius defendendam; etc. — Vgl. Reg. no. 31 S. 1044; 33 S. 1036 u. Ep. VIII, 55 S. 623. Graecorum imperio ab inobedientibus et superstitiosis translato ad obedientiae filios ... Vgl. Ep. VIII, 24 S. 578. Licet Constantinopolitanum imperium per Dei gratiam a Graecis translatum fuerit ad Latinos, ... Reg. no. 62 S. 1065. quae Romanum imperium in persona magnifici Caroli a Graecis — das Graeci im Text steht wohl fehlerhaft — transtulit in Germanos. — Diese Version ist wohl lediglich als ein für den Bau des innoncentischen Weltreiches minder günstiger Baustein aufzufassen, da sie damals für weniger beweiskräftig galt als die ebenso berühmte wie anerkannte Fälschung der donatio Constantini. — Dieser selben Theorie ist in Ep. VIII, 55 S. 623 wieder eine andere Färbung gegeben. Doch ändert das an der Grundauffassung kaum etwas. — Vgl. auch Delisle, Lettres inédites d'Innocent III. BÉCH. XXXIV (1873) 408.

[2]) Reg. no. 30 S. 1032. pro Ecclesiae defensione und in vielen ähnlichen Redewendungen; so Reg. no. 29 S. 1025; 62 S. 1066; 79 S. 1084 u. ö.

[3]) Serm. de sanct. VII in festo d. Silvestri pontif. max. S. 481: Nam vir Constantinus egregius imperator, ... Urbem pariter, et senatum cum hominibus et dignitatibus suis, et omne regnum Occidentis ei tradidit et dimisit, ... et regnum sibi retinens Orientis. — Vgl. dazu die ausführlichen Darlegungen von K. Burdach, a. a. O. S. 213ff.

als königlicher Papst vollzog er nunmehr kraft seiner doppelten Gewalt die verschiedensten Amtseinsetzungen, er investierte in gleicher Weise Patriarchen, Primate, Metropoliten und Präsuln wie Senatoren, Präfekten und Tabellionen. In gleicher Weise besaß er die Symbole beider Gewalten, die Krone und die Mitra. Jedoch nur die letzte trug er immer, weil sie die höhere und würdigere war.

Auf Grund der als historisch hingestellten translatio ist die *actrix translationis*, der apostolische Stuhl, berechtigt, bei der Neubesetzung des Imperiums einzugreifen, insbesondere aber — das ist nur eine Konsequenz daraus — bei Zwiespaltwahl zu entscheiden, zumal ja bei dieser das Imperium nach päpstlicher Auffassung seine höchste Funktion nicht ausüben kann, nämlich die Kirche zu schützen[1]), die dadurch großen Schaden erleidet[2]).

Wie aber ermöglichte der Papst einen zweifellos unrechtmäßigen Eingriff in die deutsche Königswahl? Er schmeichelte dem Selbständigkeitsverlangen der deutschen Wahlfürsten[3]) und erstrebte[4]) vor allen Dingen zur Ver-

[1]) Reg. no. 33 S. 1036. pro ipsius specialiter fuit defensione translatum; ... — Reg. no. 79 S. 1085 nunc etiam ex dissensione vestra laeduntur pauperes et Ecclesiae confunduntur, ... — Reg. no. 21 S. 1020. sed et Ecclesia nec possit nec velit diutius iusto et provido defensore carere, ... — Vgl. Reg. no. 29 S. 1026; 33 S. 1038; 34 S. 1041; 58 S. 1061 u. ö.

[2]) Reg. no. 34 S. 1041. cum ergo Ecclesiae Romanae dispendium, ... sustinere nolimus ... — Reg. no. 46 S. 1048. ex cuius divisione multa incommoda fere toti Christianitati provenisse noscuntur, ...

[3]) Unter Hinweis auf den Verfall des Wahlrechts sagt Innocenz Reg. no. 29 S. 1028: et sic efficeretur haereditarium quod debet esse gratuitum, praesertim cum non solum Fredericus substituerit sibi filium, sed Heinricus etiam filium sibi voluerit subrogare, ... — Reg. no. 29 S. 1028. et per hoc forsan in posterum abusio traheretur in usum.

[4]) Reg. no. 18 S. 1015. ad apostolicam sedem iam pridem fuerat recurrendum, ... Reg no. 29 S. 1031. vel se iudicio aut arbitrio nostro committant, ... — Reg. no. 31 S. 1034. nostro vos saltem consilio vel arbitrio committatis, ...; ... cum neminem magis quam Romanum pontificem super hoc deceat vos mediatorem habere, ... — Reg. no. 36 S. 1042. vel super eo saltem divinum et nostrum auxilium implorarent.

meidung all dieser gefährlichen Klippen zunächst nur das Schiedsrichteramt über die deutschen Verhältnisse. Aus diesem Präzedenzfall des einmaligen Schiedsspruches hätte sich dann schon leicht für die Kurie ein nunmehr traditionell begründetes Recht auf Einspruch in die deutsche Königswahl ableiten lassen. Deshalb suchte Innocenz unter Hervorhebung und weitgehendster Berücksichtigung des Fürstenrechtes[1]) die Wahlfürsten auf seine Seite zu bringen und mit ihrem Willen[2]) als erwählter Schiedsrichter[3]) Urteil zu sprechen[4]).

Und erst als es ihm nicht gelang, den Thronstreit vor sein Forum[5]), den apostolischen Stuhl, zu bringen und scheinbar über den Parteien stehend[6]) zu entscheiden, schuf er, zum Teil aus der Tradition schöpfend, zum Teil aus ihr scharfsinnige Konsequenzen ziehend, neue Ansprüche: auf Conformation der Wahl, auf Approbation der Person und auf Reprobation des Gegenkandidaten.

Aus schwachen Versuchen seiner Vorgänger, bei Tiefstand der Kaisermacht und Uneinigkeit der deutschen Fürsten neue Rechte für die Kurie zu gewinnen, formulierte Innocenz oft feste Theorien, führte sie in ihren Konsequenzen weiter und zog aus ihnen seine Nutzanwendung. Bei seinen Grund-

— Vgl. Reg. no. 33 S. 1038; Reg. no. 79 S. 1085. ad Romanam recurrentes Ecclesiam. ...

1) Reg. no. 21 S. 1020; 33 S. 1038. ne libertas principum in imperatoris electione vilescat ... — Vgl. Reg. no. 55 S. 1057; 56 S. 1058; 62 S. 1067; 79 S. 1084 u. ö. — Vgl. auch Reg. no. 30 S. 1032. ne tamen principum dignitatem ignorare vel laedere videremur, ...

2) Reg. no. 2 S. 998 vestro studio mediante, ...

3) Reg. no. 16 S. 1011. cum per Dei gratiam tempus acceperimus iustitiam iudicandi, ...

4) Vgl. die abweichende Ansicht von Domeier, Die Päpste als Richter ... S. 48ff.

5) Reg. no. 2 S. 998. Exspectantes autem hactenus exspectavimus si forte vos ipsi saniori ducti consilio, tantis malis finem imponere curaretis, videlicet ad nostrum recurreretis auxilium, ut per nos, ... tanta dissensio sopiretur. — Vgl. Reg. no. 79 S. 1085. ad Romanam recurrentes Ecclesiam: ... u. ö.

6) Reg. no. 1 S. 996. in neutram partem voluimus declinare, ...

sätzen über die approbatio und reprobatio[1]) tritt dies besonders klar in Erscheinung. Und er forderte zunächst nichts Neues.

Wohl infolge der großen Machtentfaltung der Kurie erhob Gregor VII. in bestimmter Form Anspruch auf Einspruchsrecht bei der deutschen Königswahl. Fußend auf seiner Nachfolgerschaft Petri, die ihm die Macht gab, Königreiche und Fürstentümer nach Verdienst zu nehmen und zu gewähren, auf der apostolischen Binde- und Lösegewalt und auf der Tradition, beansprucht Gregor für sich das Recht der Confirmation, d. h. der Wahlbestätigung *(electionem confirmare)* und der Approbation, d. h. der Billigung der betreffenden Persönlichkeit inbezug auf ihren sittlichen Wert *(approbare personam novi electi)*. Wenngleich diese der Vereinfachung wegen vorweg genommenen Begriffe noch nicht als termini technici bei Gregor erscheinen, vielmehr noch vielfach verschwommen und umschrieben sind, so liegt hier doch der Keim für die papale Einspruchsbestrebung inbezug auf die deutsche Königswahl[2]). Und nachdem dann mit mehr oder weniger Erfolg, je nach der Macht und Persönlichkeit des jeweiligen Königs, auch in der Folgezeit dieser Anspruch geltend gemacht war, formulierte und erweiterte Innocenz III. den Anspruch auf Confirmation und Approbation nun auch auf Reprobation[3]). Hatte sich Gregor VII. bei seinen eben erwähnten Ansprüchen hauptsächlich auf die oberste Gewalt des Papstes auf Erden gestützt, so dient Innocenz

---

[1]) Vgl. E. Engelmann, Der Anspruch der Päpste auf Konfirmation und Approbation bei den deutschen Königswahlen S. 30—38. — Engelmann befolgt in diesem Aufsatz mit mir den gleichen Grundsatz: er schildert die Theorien Innocenz' III. möglichst mit des Papstes eigenen Worten und kommt auf diese Weise naturgemäß zu denselben Anschauungen wie ich. Deshalb bin ich, abgesehen davon, daß die Fäden hier und da anders verknüpft sind, über Engelmann nicht hinaus gelangt.

[2]) Vgl. Gregors Verhalten bei der Absetzung Heinrichs IV. und der Wahl Rudolfs von Rheinfelden.

[3]) Vgl. Werminghoff, Gesch. d. Kirchenverf. im Mittelalter, S. 157f.

die Lehre von der *translatio imperii* von den Griechen auf die Römer durch den Papst als Ausgangspunkt.

Er wolle durchaus nicht, so betont er verschiedentlich, die Freiheit, Würde und Macht der deutschen Fürsten schmälern [1]): es sei seit langem [2]) ihr Recht und ihre Macht, den König zu wählen, der nachher zum Kaiser gekrönt werden muß; hatten die Fürsten ja doch diese Befugnis durch die Übertragung des Imperiums von den Griechen auf die Deutschen von seiten des Papstes bekommen [3]). Doch ohne Verletzung fremder Rechte ergibt sich für Innocenz aus dem Umstand, daß der gewählte deutsche König Anspruch auf die Kaiserkrone hat, daß der Papst befugt ist, schon bei der deutschen Königswahl seinen Einfluß geltend zu machen [4]), damit nicht ein Mann den deutschen Königsthron besteigt, dem der Papst nachher die Kaiserkrone versagen muß. Hier begegnet wohl zum erstenmal eine Verknüpfung von Königtum und Kaisertum. Das letztere dient dem Papst, wie wir schon oben andeuteten, als Brücke zur Geltendmachung seines Einflusses auf die deutsche Königswahl. Und auch dazu muß er dem Kaisertum noch den Charakter der Selbständigkeit nehmen und es, wie Krammer sagt, „als seine Domäne hinstellen“ [5]). Dies gelingt durch die Lehre von der translatio;

[1]) Reg. no. 21 S. 1020. non ut libertatis, dignitatis, et potestatis vestrae previlegio derogare velimus, ... vgl. Reg. no. 79 S. 1084. ne libertas principum in imperatoris electione vilesceret ... vgl. Reg. no. 55 S. 1057 u. 62 S. 1065. sic ius principum nobis nolumus vindicare. — Wenn v. Eicken, a. a. O. S. 412, dieses Eingehen des Papstes auf die Ansprüche der deutschen Fürsten als „innere Unsicherheit“ auslegt, so kann ich ihm darin nicht beipflichten. M. E. ist dieses Vorgehen ein wohl bedachter und nicht erfolgloser Schachzug.

[2]) Corp. iur. can. c. 34 X de elect. (1,6). ad quos de iure et antiqua consuetudine noscitur pertinere; vgl. Friedberg, a. a. O. S. 73f.

[3]) Corp. iur. can. c. 34 X de elect. (1,6). praesertim quum ad eos ius et potestas huiusmodi ab apostolica sede pervenerit quae Romanum imperium in personam magnifici Caroli a Graecis transtulit in Germanos.

[4]) Reg. no. 30 S. 1032; 31 S. 1034; 33 S. 1040; 47 S. 1049; 55 S. 1057 u. ö.

[5]) Vgl. M. Krammer, Das Kurfürstenkolleg S. 35.

denn durch sie weist Innocenz dem Inhaber des Imperiums den Platz eines Lehnsmanns an[1]) und fügt damit auch zugleich den deutschen König, wie Friedberg sagt[2]), in die lange Reihe der Fürsten ein, welche für Vasallen des römischen Bischofs ausgegeben werden. Aus diesem Abhängigkeitsverhältnis folgert Innocenz dann ab, daß dem Papst allein das Recht der Kaiserkrönung zusteht[3]). Des näheren spricht er seine Gedanken über die Königswahl in Deutschland sehr deutlich in der berühmten Deliberatio Domini papae Innocentii super facto imperii de tribus electis aus[4]): die Kurie muß sorgfältig und klug die provisio imperii handhaben, da das Imperium ihm *principaliter* und *finaliter* untersteht: *principaliter*, da es durch die Kurie — auf Grund der Translationslehre — und für die Kurie — in seiner Bestimmung als Schutzmacht — von den Griechen übertragen worden ist; *finaliter* aber besteht der Anspruch zu Recht, weil der Kaiser vom Papst durch Handauflegung gekrönt und investiert wird, ein Gedanke, den die angeblich von Heinrich selbst geforderte Investitur durch Cölestin III. mittelst einer goldenen Kugel stützen soll[5]).

---

[1]) Reg. no. 29 S. 1025. de imperio investitur. — Vgl. Reg. no. 33 S. 1036, wo derselbe Gedanke zugrunde liegt, wenn Innocenz sagt: a nobis tamen imperator imperii recipit diadema in plenitudinem potestatis.

[2]) Die mittelalterlichen Lehren (1) S. 9.

[3]) Reg. no. 15 S. 1010. Cum autem imperialis corona sit a Romano pontifice concedenda, u. ö.

[4]) Reg. no. 29 S. 1025. Interest apostolicae sedis diligenter et prudenter de imperii Romani provisione tractare, cum imperium noscatur ad eam principaliter et finaliter pertinere: principaliter, cum per ipsam et propter ipsam de Graecia sit translatum, per ipsum translationis actricem, propter ipsam melius defendendam: finaliter quoniam imperator a summo pontifice finalem sive ultimam manus impositionem promotionis proprie accipit, dum ab eo benedicitur, coronatur, et de imperio investitur. — Vgl. Reg. no. 18 S. 1015; 30 S. 31f.; 33 S. 1036; 47 S. 1048.

[5]) Reg. no. 29 S. 1025. Quod Henricus optime recognoscens, a bonae memoriae Coelestino papae, praedecessore nostro, post susceptam ab eo coronam, ... ab ipso de imperio per pallam auream petiit investiri.

Lediglich um die Form handelt es sich jetzt für Innocenz, in der er den beanspruchten Einfluß geltend machen kann. Und was liegt da näher, als nach dem Vorbilde der Bischofswahl zu verfahren?[1]) Mit bewußter Anlehnung an die bestehenden kirchlichen Rechte bei den Bischofswahlen geht Innocenz auch bei seiner Auffassung über die deutsche Königswahl von der Ansicht aus, „daß das Recht zum Vollzug der Konsekration als seine Voraussetzung das Recht auf die Examination der Person in sich trage" und daß nicht die Majorität der Wähler maßgebend sei[2]). Auch das Vorbild, dessen sich Innocenz bei der Formulierung seines Anspruchs bediente, kann mit großer Wahrscheinlichkeit nachgewiesen werden. Sagt er in einem seiner Briefe[3]) in bezug auf die deutschen Thronanwärter: *ei curabimus favorem apostolicum impertiri quem credemus maioribus studiis et meritis adiuvari,* oder an anderem Orte[4]): *Audivimus tamen et merita electorum et studia eligentium,* . . . so stimmt das in den in Betracht kommenden Worten mit dem Canon Gratian. c. 36. D. LXIII fast wörtlich überein. Hier heißt es u. a.: *metropolitani iudicio is alteri preferatur, qui maioribus studiis iuvatur et meritis.* Und dieser Passus entstammt einem Briefe Leos I., bezieht sich nachweislich auf die Bischofswahlen und will in erster Linie die Befugnisse des Metropolitans inbezug auf schismatische Bischofswahlen festlegen, wiewohl er auch auf die Papstwahlen bisweilen Anwendung gefunden hat[5]).

---

[1]) Vgl. Krammer, Rechtsgeschichte des Kurfürstenkollegs, S. 13 und 18.

[2]) Vgl. Hauck, Deutschland und die päpstliche Weltherrsch., S. 3.

[3]) Reg. no 2 S. 998f.

[4]) Vgl. Reg. no. 15 S. 1010.

[5]) Vgl. B. v. Simson, Analekten zur Gesch. d. deutschen Königswahlen, S. 34 Anm. 2; in diesem Aufsatz ist solche Abhängigkeit wohl erstmalig festgestellt. Vgl. auch Wretschko, Einfluß fremder Rechte auf die deutschen Königswahlen, S. 193 Anm. 2. Zeitschr. d. Savignystiftung Germ. Abt. XX (1899), 164ff.

Den Umfang seines Anspruchs spricht Innocenz in der berühmten Decretale „Venerabilem“ aus[1]): Die Fürsten müssen doch anerkennen, daß dem Papst das *ius et auctoritas examinandi personam electam in regem et promovendam in imperium* zukommt, und begründet diesen Anspruch damit, daß ja der Papst den König später zu salben, zu segnen und zu krönen hat. Dieser Schluß fußt einmal wieder auf der Tradition: es kommt ja stets demjenigen, der die *impositio manus* besitzt, auch die *examinatio personarum*[2]) zu. Wenn dies nicht so wäre, führt Innocenz nicht ohne Übertreibung aus, so könnten ja die deutschen Fürsten einmütig einen Schurken oder Exkommunizierten, einen Narren oder Häretiker oder Heiden zum König wählen, und der Papst müsse ihm dann Salbung, Segnung und Krönung zuteil werden lassen[3]).

Nach welchen Grundsätzen will aber Innocenz bei dieser Prüfung verfahren? Er sagt: die geistlichen und weltlichen Fürsten Deutschlands sollen ihr Augenmerk auf einen Mann richten, der durch das Verdienst der Tatkraft und Billigkeit zur Leitung des Imperiums geeignet ist, und den der Papst zum Kaiser krönen kann und darf[4]). Die *merita personarum*, die *idoneitas*, die *dignitas electae personae* und die *salubritas* der Wähler ist allein entscheidend, nicht die Zahl der letz-

---

[1]) Reg. no. 62 S. 1065. Sed et principes recognoscere debent, et utique recognoscunt quod ius et auctoritas examinandi personam electam in regem et promovendam in imperium ad nos spectat, qui eam inungimus, consecramus et coronamus. — Vgl. Reg. no. 92 S. 1098.

[2]) Reg. no. 62 S. 1065. Est enim regulariter et generaliter observatum, ut ad eum examinatio personae pertineat, ad quem impositio manus spectat. — Hierin möchte ich mit Hauck, Deutschland und die päpstl. Weltherrsch. S. 3 Anm. 1, einen Hinweis auf das kirchliche Vorbild sehen.

[3]) Reg. no. 62 S. 1065. Nunquid enim si principes, non solum in discordia, sed etiam in concordia sacrilegum quemcunque vel excommunicatum in regem, tyrannum vel fatuum, haereticum eligerent aut paganum nos inungere, consecrare ac coronare hominem huiusmodi deberemus?

[4]) Reg. no. 21 S. 1020. ad eum vestrae dirigatis considerationis intuitum qui merito strenuitatis et probitatis ad regendum imperium est idoneus: und ... quem nos possimus et debeamus merito coronare.

teren[1]; ja, dem Vollzug der Wahl steht mehr die Verachtung eines Einzelnen als der Widerspruch Vieler entgegen[2]. Gerade dem Papst — und nicht den deutschen Fürsten — steht dieses *ius examinandi* zu, weil er als Nachfolger Petri die Herrschaft über Völker und Königreiche besitzt[3]; gerade seine Entscheidung ist berechtigt, weil die ihm mit Fug unterstehende Kirche auf den Schutz[4] des Imperiums angewiesen ist, der naturgemäß bei der Wahl eines unpassenden deutschen Königs und der sich daraus ergebenden Vakanz des Kaisertums[5] versagen muß[6].

Doch wir hatten zu Anfang von confirmatio und approbatio als zwei gleichberechtigten Faktoren gesprochen. Und mit Recht. In der Theorie galten sie wohl Innocenz als gleichwertig, sollten sie ihm doch beide sein Ziel erreichen helfen. Aber in der Praxis änderte sich das schnell. Die sich wiederholenden Proteste der deutschen Fürsten sowohl als eine weise Berücksichtigung ihrer angestammten Rechte bestimmte Innocenz sehr bald, die Forderung auf Konfirmation der Wahl in den Hintergrund treten zu lassen und hauptsächlich mit dem Rüstzeug der approbatio seine Einmischungspolitik aufzunehmen[7].

Aber Innocenz geht noch über die schon von Gregor VII. geforderten Ansprüche auf Konfirmation und Approbation

---

[1]) Deliberatio: Reg. no. 29 S. 1030. cum non minus idoneitas seu dignitas electae personae, imo plus quam eligentium numerus sit in talibus attendendus, nec tantum pluralitas quoad numerum, sed salubritas quoad consilium in eligentibus requiratur, ...

[2]) Reg. no 62 S. 1066. cum explorati sit iuris quod electioni plus contemptus unius quam contradictio multorum obsistat. — Vgl. Th. Lindner, Die deutschen Königswahlen S. 103 und ebenda Anm. 3.

[3]) Vgl. S. 10 Anm. 8.

[4]) Reg. no. 21 S. 1020. sed et Ecclesia nec possit nec velit diutius iusto et provido defensore carere, ...

[5]) Reg. no. 29 S. 1026.

[6]) Reg. no. 31 S. 1033; 34 S. 1041; 35 S. 1042; 48 S. 1050; 92 S. 1097 u. ö.

[7]) Vgl. H. Bloch a. a. O. S. 37 u. Wretschko a. a. O. S. 193.

hinaus. Als logische Folgerung aus ihnen ergibt sich ihm bei Zwiespaltwahl das Recht der Reprobation. Da der Papst nicht zwei Fürsten für die Erlangung des Imperiums unterstützen kann und darf[1]) und weil er nicht für die Person durch das Imperium, sondern durch die Person für das Imperium Sorge tragen muß[2]), so ist es nötig, daß der geeignetere Mann gewählt, der weniger geeignete aber abgelehnt wird[3]). Und der Papst muß, wenn er den einen ablehnt, den anderen wählen, weil er einerseits keinen dritten küren darf und andererseits des zweiten Hilfe nötig hat, um die Schlechtigkeit des Reprobierten abzuwehren[4]).

Im deutschen Thronstreit hat denn auch Innocenz tatsächlich seine Theorie in die Wirklichkeit umgesetzt: „kraft der uns durch des allmächtigen Gottes Gewalt überkommenen Macht", so schreibt Innocenz in einem Briefe vom 1. März 1201 an Otto von Braunschweig, „wählen wir dich zum König und werden dich zur Annahme der Krone des römischen Reiches berufen[5])." Häufig wird diese approbatio in den verschiedensten Formen ausgesprochen[6]): ohne die Fürsten,

[1]) Reg. no. 33 S. 1040. Nos igitur, quoniam duobus ad habendum simul imperium favere nec possumus nec debemus, ... u. ö.

[2]) Ebenda: nec credimus personae in imperio, sed imperio in persona potius providendum, ...

[3]) Ebenda: quia etiam ad hoc dignior, reputatur, qui magis idoneus reperitur, ... — diese Stelle ist wie mehrere andere schlecht gedruckt und interpunktiert — personam Philippi, tamquam indignam quoad imperium praesertim hoc tempore obtinendum, penitus reprobamus. Vgl. auch Reg. no. 33 S. 1040; 39 S. 1043; 43 S. 1045; 44 S. 1046; 45 S. 1047 u. ö.

[4]) Reg. no. 64 S. 1069. quod cum duo simul imperatores esse non possint, et reprobato praedicto duce Sueviae, per nos creare tertium non possemus, personam regis eiusdem ad reprimendam reprobati malitiam nos opportuit approbare, ...

[5]) Reg. no. 32 S. 1036. auctoritate Dei omnipotentis nobis in beato Petro collata te in regem recipimus, ... regiam magnificentiam ad suscipiendam Romani imperii coronam vocabimus, ...

[6]) So sagt Innocenz Reg. no. 109 S. 1113. quem nos in regem suscepimus, ... vgl. Reg. no. 34 S. 1041; 38 S. 1043; 45 S. 1047; 59 S. 1062. Ebenso auch Engelmann, Anspruch der Päpste ... S. 30 Anm. 5.

aber für die Fürsten hat er Otto approbiert[1]), ohne Ansehen der Person und des Amtes und ohne Rücksicht auf Gewalt hat er weder den Mächtigen berücksichtigt, noch den Schwachen verachtet[2]).

Nun stellen sich naturgemäß den deutschen Fürsten, soweit sie dem vom Papst reprobierten Thronkandidaten bereits den Treueid geleistet haben, Gewissensschwierigkeiten in den Weg wegen des vom Papst verlangten Eidbruches. Aber auch hierfür hat Innocenz ein Heilmittel zur Hand: eine bibelbewiesene, volltönende, einleuchtende Theorie, die wir als die Theorie von der Verbindlichkeit des politischen Eides bezeichnen wollen. Sie besagt: Der Papst ist kraft seiner Machtvollkommenheit[3]) berechtigt, von geleisteten Eiden zu entbinden, denn er allein kann beurteilen, ob ein Eid bindend ist oder nicht[4]). Er hat das Recht, Vereinbarungen der Schlechtigkeit aufzuheben, insonderheit, wenn sie dem Gehorsam eines Herrschers gegen den apostolischen Stuhl hinderlich sind[5]). Da man notwendigerweise Gott mehr dienen soll als den Menschen, müssen alle einem christlichen Fürsten geleisteten Eide, die Gott und seinen Geboten — zu

[1]) Reg. no. 92 S. 1099. licet sine vobis, pro vobis tamen receperimus iam in regem, ...

[2]) Reg. no. 107 S. 1109. Quoniam nos eius exemplo super imperii Romani negotio non fuimus personarum aut munerum acceptores, nec potentem respeximus et despeximus impotentem.

[3]) Reg. no. 31 S. 1034. per auctoritatem coelitus sibi datam super iuramentis exhibitis quoad famam et conscientiam liberaret, ... vgl. Reg. no. 33 S. 1037.

[4]) Reg. no. 62 S. 1067. Utrum vero dictum iuramentum licitum fuerit an illicitum, et ideo servandum an non servandum exstiterit, nemo sane mentis ignorat ad nostrum iudicium pertinere.

[5]) In einem Schreiben an den päpstlichen Gesandten, den Erzbischof von Ostia, sagt Innocenz inbezug auf den deutschen Thronstreit Reg. no. 25 S. 1023: praesentium tibi auctoritate concedimus, ... si qua forsan inter se vel cum aliis obligatione tenentur illicita, eam secure dissolvas, cum secundum prophetam dissolvere debeamus colligationes impietatis et fasciculos deprimentes. Illam enim colligationem censemus illicitam quae regiae devotionis obsequium erga sedem apostolicam impediret, ...

denen natürlich von Innocenz bei seiner Stellung als Vikar Gottes die päpstlichen Vorschriften gerechnet werden — widersprechen, von vornherein ungültig sein[1]). Überhaupt braucht man demjenigen gegenüber, der Gott und der Kirche seinen Eid nicht hält, sich nicht eidlich gebunden fühlen[2]), da dieser ja dann aus der Gemeinschaft der Gläubigen ausgeschlossen ist[3]). Auch alle politischen Eide, die eine Friedensvereinbarung enthalten, unterstehen dem Urteil des Papstes[4]). „Damit war die Dauer des ganzen staatsrechtlichen Zustandes der Welt in den Willen und das Urteil eines Mannes gestellt. Der oberste Bischof der Kirche war der unumschränkte Leiter der Weltpolitik. Aber zugleich war die Umbildung des Papsttums zu einer primär weltlichen Macht vollzogen[5]).

Des Innocenz reale Macht.

Die durch ihre Knappheit und augenfällige Klarheit für Innocenz so charakteristischen Theorien sind hier absichtlich

[1]) Ep. I, 38 S. 32 an die Bischöfe in der Mark Ancona heißt es: attendentes quod magis oporteat Deo servire quam hominibus, omnes qui eidem Markowaldo fidelitate sunt vel sacramento astricti, apostolica auctoritate a sacramento absolvimus; cum fidelitatem, quam aliqui Christiano principi iuraverunt Deo eiusque sanctis adversanti et eorum praecepta calcanti, nulla mandentur auctoritate servare.

[2]) Böhmer, Act. sel. No. 921 S. 631 an den Bischof Sicard von Cremona: Unde cum iuxta sanctorum patrum canonicas sanctiones ei, qui deo et ecclesiae fidem non servat fides servanda non sit, ... vgl. Ep. XV, 189 S. 713.

[3]) Böhmer, Act. sel. No. 922 S. 631 ... a communione fidelium separato, ... vgl. Reg. no. 58 S. 1061 u. Ep. XV, 198 S. 713. Und Friedrich von Sicilien (Reg. no. 59 S. 1062), wie Philipp v. Schwaben gegenüber (Reg. 34 S. 1041 u. ö.) hat Innocenz Eide anulliert.

[4]) Ep. VII, 42 S. 328. Postremo, cum inter reges ipsos formata fuerint pacis foedera, et utrinque praestito iuramento firmata, ... nunquid non poterimus de iuramenti religione cognoscere, quod ad iudicium Ecclesiae non est dubium pertinere, ut ruptae pacis foedera reformentur?

[5]) Vgl. A Hauck, Kirchengesch. IV, 687.

möglichst ohne erklärendes Beiwerk wiedergegeben worden. Sie wirken durch sich selbst am besten. Der Rahmen der Theorie ist nur dann überschritten worden, wenn die wirkliche Gestalt des politischen Lebens den Zusammenhang einzelner Theorien ergab oder wenn dadurch ein neuer Gesichtspunkt gewonnen werden konnte. Doch wirft man wohl unwillkürlich die Frage auf: wie weit sind des Innocenz staatstheoretische Ziele in der Praxis verwirklicht worden?

Papst Innocenz III. war nicht der Mann, der es bei geistvoll und scharfsinnig konstruierten Ansprüchen bewenden ließ. Schritt um Schritt suchte er während seines Pontifikats die in der Theorie beanspruchten Rechte zu erwerben. Von der richtigen Erkenntnis ausgehend, daß für seine Weltherrnstellung[1]) die unbedingte Ergebenheit Mittelitaliens Voraussetzung sei, und daß diesem festen Kern allmählich die anderen Reiche angegliedert werden müßten, greift Innocenz im Anfang seines Pontifikats nur vollkräftig in die italienischen Verhältnisse ein: der kaiserliche Präfekt von Rom wird gleich am Tage der päpstlichen Inthronisation gewissermaßen zum Beamten der Kurie investiert und die Stellung des römischen Senates, oder besser gesagt Senators, in eine kuriale Behörde umgewandelt. Dann werden „Recuperationen" vorgenommen, die das engere Patrimonium, das Herzogtum Spoleto und den größten Teil der Mark Ancona direckt der Kurie unterstellen, wogegen sich die Ansprüche auf die Romagna und auf die mathildischen Güter nur in sehr geringem Maße verwirklichen ließen. Und nachdem nun das Kerngebiet der päpstlichen Machtsphäre gesichert erscheint, greift der Papst, unter steter

[1]) Denn daß Papst Innocenz III. eine Weltherrschaft des Charakters aufzurichten bestrebt war, wie sie nur immer ein Heinrich VI. ins Auge gefaßt hat, erscheint mir aus dem Wirklichkeitszustand der päpstlichen politischen Macht bei dem Tode des Innocenz als sicher. Ich stimme hierin mit A. Cartellieri, Philipp II August III, 166f. vollkommen überein, der auf Grund seiner Forschung über die französisch-englischen Verhältnisse jener Zeit zu gleichem Resultat kommt: Innocenz ahmt Heinrichs VI. Bestrebungen nach und jagt auf entgegengesetzten Wegen dem Ziele der Weltherrschaft nach. — Vgl. auch Ranke, Weltgesch. VIII, 274.

Benutzung des Augenblickszustandes immer seine Forderung der Möglichkeit anpassend, in die Politik der anderen Staaten ein.

Bald gelingt es ihm, mit dem tuscischen Bunde ein Schutz- und Trutzbündnis abzuschließen, und bald unternimmt er auch nach Süden einen Vorstoß, indem er energisch von dem auf seiner Stellung als Suzerän und Vormund gestützten Vorrecht inbezug auf Sizilien Gebrauch macht. Nach Regelung der italischen Verhältnisse dehnt dann Innocenz seine politischen Eingriffe auch auf die anderen europäischen Länder aus. So gewinnt er dank dem deutschen Partikularismus bedeutsamen Einfluß auf die Besetzung des deutschen Königsthrons, während die dauernden Kriege zwischen England und Frankreich ihm Gelegenheit geben, sich zum Friedensmittler aufzuwerfen. Die Thronwirren in Ungarn, wo König Emerich mit seinem Bruder Andreas um die Krone kämpft, gestatten eine päpstliche Einmischung; und ein gutes Geschick wirft ihm, dem Günstling des Schicksals, das in den Schoß, was so viele seiner Vorgänger mit aller Tatkraft vergeblich zu erlangen versucht hatten: bedeutsamen Einfluß auf das byzantinische, nunmehr lateinische Reich und Anschluß der griechischen Kirche an die römische. Des Innocenz politische Korrespondenz ist ungeheuer: er pflegt Verhandlungen mit Portugal, Leon, Castilien und Aragon im Westen, mit Norwegen, Dänemark und Polen im Norden und mit Ungarn, Böhmen, Bulgarien, Serbien, Dalmatien und Armenien im Osten. Je nach der politischen Lage spricht er als Hirte oder Richter oder Weltherr, überall paßt er sich der Augenblickslage an, überall findet er den rechten Punkt, wo er den Hebel ansetzen kann.

Und tatsächlich hat Innocenz einen großen, vielleicht von allen Päpsten den größten Teil der christlichen Länder für die Dauer seines Pontifikats zu einem, wenn auch nur lose gefügten Weltreiche zusammengeschweißt: das Patrimonium in seinem ganzen Umfange stand als Zentralmacht direkt unter päpstlicher Leitung; über Sizilien war Innocenz testamentarisch zum Lehnsherrn bestellt; im gleichen Verhältnis stand er auch zu Aragon, das bereits seit Gregor VII. der

Kurie tributpflichtig war, und dessen König Pedro II. am 11. November 1204 seine Krone am Grabe des Apostels niedergelegt, sie vom Papst wieder zu Lehen empfangen und sich zur Zinszahlung verpflichtet hatte. Oberlehnsherr war Innocenz auch in England, hatte doch Johann ohne Land infolge eines Investiturstreites am 15. Mai 1213 die Krone von England und Irland dem Papste zu Lehen aufgetragen und sie gegen jährliche Zahlung von 1000 M. Silbers zurückempfangen. In direkt dinglichem Verhältnis stand endlich auch Portugal zur Kurie, das schon seit Alexander III. einen Zins zahlte, und dessen König Alfonso, der Sohn Sanchos I., die Zinspflicht Innocenz gegenüber auch offiziell anerkannte. Zuletzt sei noch der verbrieften Lehnsabhängigkeit Polens und Schwedens gedacht.

Und wenn auch außerhalb des Lehnsverbandes stehend, erkannten die meisten anderen Staaten eine gewisse Obergewalt der Kurie mittelbar an: das zeigt die auf des Papstes Befehl geplante Landung des Königs Philipp II. August in England, der, wenn auch nicht immer konstante Gehorsam der deutschen Fürsten, die Krönung der Könige von Armenien und Bulgarien und vielleicht am eindrucksvollsten das vierte Laterankonzil vom 11. November 1215, zu dem mehr als 1500 Prälaten und Vertreter fast aller europäischer Herrscher erschienen waren. Mit Gregorovius möchten mir sagen: „der heilige Stuhl wurde durch ihn der Tron der dogmatischen und kirchenrechtlichen Gewalt, das politische Völkertribunal Europas. Während seiner Epoche anerkannten der Westen und der Osten, daß der Schwerpunkt aller sittlichen und politischen Ordnung in der Kirche, dem moralischen Universum, und ihrem Papste sei. Dies war die günstigste Constellation, in welcher sie jemals in der Geschichte erschienen ist. Das Papsttum kulminierte in Innocenz III. auf schwindelerregender und unhaltbarer Höhe“.

Druck von Ant. Kämpfe, Jena.

Druck von Ant. Kämpfe in Jena.

Kolibri 360 GmbH
Ferdinand-Jühlke-Straße 7
99095 Erfurt, Deutschland
produktsicherheit@kolibri360.de